图文并茂，超级好理解！

写给聪明孩子的前沿科技

聪明的人工智能

图蓝·赛启团队 / 著

图说前沿科技，献给未来的创造者

陕西新華出版·未来出版社
·西安·

图书在版编目（CIP）数据

聪明的人工智能 / 图蓝•赛启团队著． -- 西安 ：
未来出版社，2025．3．--（写给聪明孩子的前沿科技）．
ISBN 978-7-5417-7875-9

Ⅰ．TP18-49

中国国家版本馆 CIP 数据核字第 2025QC0142 号

写给聪明孩子的前沿科技　聪明的人工智能

图蓝·赛启团队 / 著

出 品 人：李桂珍
策划统筹：高　琳
责任编辑：张美琎
营销总监：何华岐
排版制作：北京嘉美和数字传媒科技有限公司
出版发行：未来出版社
社　　址：西安市登高路 1388 号
电　　话：029-89122633　89120538
邮政编码：710061
经　　销：全国各地新华书店
开　　本：889mm × 1194mm　1/16
印　　张：12.25
字　　数：245 千字
印　　刷：陕西思维印务有限公司
版　　次：2025 年 3 月第 1 版
印　　次：2025 年 3 月第 1 次印刷
书　　号：ISBN 978-7-5417-7875-9
定　　价：46.00 元

前言

嗨，亲爱的小读者们！

今天，科学技术正在以前所未有的速度改变着我们的生活。这一切都要归功于那些了不起的科学家们，是他们的孜孜以求，为人类带来了众多的科学发现，创造了无数的科技发明。

《写给聪明孩子的前沿科技》丛书像一张通向未来科技世界的寻宝地图，它将带领我们打开几座特别的科技知识“宝库”。这些前沿的科学技术，不仅让我们开阔眼界，还让我们未来的学习更加游刃有余！

这套科普丛书里分别住着五位聪明、活泼又可爱的卡通小伙伴，在他们的带领下，每一册图书都展现出独特的魅力：《烧脑的量子力学》带领我们进入一个奇妙的微观世界，帮助我们揭开量子力学的神秘面纱；《聪明的人工智能》让我们了解机器如何变得越来越聪明，甚至能和我们人类一起思考问题；《揭秘基因重组》让我们了解基因是如何塑造生命的，基因重组甚至可以改写生物密码；《神奇的脑机接口》让我们了解科技是如何将大脑与机器相连，或许在将来人类会获得“三头六臂”的强大能力；《可持续的新能源》则让我们懂得必须好好保护地球，未来人类到底能依赖哪些绿色能源呢？选择权在你手上。

借此机会，特别感谢为《可持续的新能源》执笔和审稿的黄春生老师，为《烧脑的量子力学》绘图的卡森老师，为《聪明的人工智能》《揭秘基因重组》和《可持续的新能源》绘图的王娜老师，以及为《神奇的脑机接口》绘图的朱梦瑶老师。

在这套科普丛书的出版过程中，还得到了佟畅、元怡骏、马良等很多专家、老师和朋友们的支持和鼓励，在此一并表示感谢，是他们的聪明才智和辛勤努力，才把这些精彩的内容带到我们面前。

预祝小读者们阅读愉快！

图　蓝

2025 年 2 月于北京

目 录

第一篇　人工智能的起步

第二篇　人工智能的繁荣

第三篇　人工智能应用的爆发

后记

嘿，小伙伴，想知道机器是怎么变聪明的吗？人工智能才刚刚开始，未来还有无限可能呢！

第一篇 人工智能的起步

机器也能思考吗?

此时此刻，假如我们身边的**人工智能**全都出现了故障，生活会有什么不同呢?

假如没有了人工智能，我们的出行肯定很不方便。

因为没有**智能导航**的帮助，我们只好查看纸质的地图。纸质地图不会像智能导航那样直接给我们规划最佳路线，给出路线优化的建议。

另外，怎么叫出租车呢? 只好到路口去招手吧!

假如没有了人工智能，我们的生活也会受到影响。

妈妈手机的语音助手不能用了，设置的日程提醒功能也失效了。

周末的网课也上不成了，因为网络教学中也包含着人工智能技术的应用。

另外，家里的**智能电器**也都不能使用了。比如，电饭煲方便的一键煮饭功能失效了，我们就是忙得满头大汗，也不一定能煮好米饭。锅里的米饭不是夹生，就是糊了。

在超市里买袋酸奶，因为**智能支付系统**不能使用了，人们只好排起了长队……

除了个人的生活受影响外，没有了人工智能，不少公共系统也会出现混乱。

比如，银行、医院的效率降低了；铁路和航班的调度会出现混乱。

今天，人工智能已经无处不在：

当我们使用智能手机上的语音助手时，它能听懂我们的指令并回答我们的问题；

当我们浏览网页时，它会根据我们的兴趣推送给我们喜欢的内容；

驾车出行时，它会帮助我们规避交通拥堵路线……

人工智能正在进入人类社会的各个领域，包括工业、医疗、金融、教育、娱乐等，它让我们的生活变得更加方便和快捷。

无处不在的人工智能

人类发明人工智能的历史，可以追溯到非常久远的时期。古代的人们就想过，是否可以制造出像人一样灵巧的机械。

不同时代的科学家和能工巧匠们，也制作出了很多具有人或动物特点的**自动机器**。西周时期，一位叫偃师的能工巧匠，使用木材与皮甲制造出了一个逼真的“木甲艺伶”。这是我国最早有记载的机械人偶，据说它能歌善舞。

“射箭童子”是日本江户时代（相当于中国明清时期）的机械人偶，它可以自动从装有 4 支箭的箭袋中逐一取箭，射向 2 米外的目标。

“射箭童子”不仅有细致的动作，还有丰富的表情呢！

古代的欧洲也出现过不少机械人偶玩具。

200 多年前，瑞士的一位钟表名匠和他的两个儿子，设计出了三个极尽精巧的机械人偶，分别叫作书写者、绘画者和音乐家。这三个人偶不仅形象逼真，动作和技艺也令人惊叹。

以上例子说明，生活在东西方的人们都对机械人偶痴迷不已。但限于当时的科学理论与技术水平，人们更加大胆的想象只能体现在文艺及科幻作品中。

随着时代的进步，人们不再满足于纯机械的人偶了，如果这些机械人偶具备人类的智慧，岂不是更有意思吗？

1920 年，捷克知名作家**卡雷尔·恰佩克**创作了一部戏剧，叫作《万能机器人》，“机器人”这个名词第一次出现了。

恰佩克创作的机器人

捷克文中的“Robot”，是“劳役、苦工”的意思，后来成为人造人、机器人的代名词，也是“机器人”一词的起源。

戏剧中的机器人外表与人类相似，善于思考。为了增加戏剧效果，作者大胆设想，这些机器人并非与人为善，而是计划灭绝人类！戏剧的结尾，机器人接管了地球，并毁灭了创造它们的人类。

智能机器人题材的电影，你感兴趣吗？其中很多都参考了作家恰佩克的思路，就是将具有智慧的人造机器与人类对立起来，通过人机激烈的冲突对抗，来吸引大众的眼球。

这些电影中，堪称经典的也有不少，比如《终结者》《黑客帝国》等。

今天，机器人的内在智能和外在形态已越来越接近真人，这些不断渲染智能机器人威胁人类的影视作品，更加令人焦虑不安。你是不是也有这样的担心呢？

其实，机器人刚出现在科幻作品里的时候，就有学者认真思考机器人技术的应用所带来的风险问题了。

为了防止机器人伤害人类，美国科幻作家**艾萨克·阿西莫夫**在《我，机器人》一书中，提出了“机器人三定律”：

一是机器人不得伤害人类，或看到人类受到伤害而袖手旁观；

二是机器人必须服从人类的命令，除非人类的命令与第一条相违背；

三是在不违背第一条和第二条的前提下，机器人应当尽可能保护自身不受伤害。

直到今天，“机器人三定律”仍是机器人行业发展的指导性原则。

那什么样的机器才算得上是机器人呢？

1967 年，第一届机器人学术会议在日本召开，专家们提出了两个有代表性的定义。

一个是：机器人是一种具有七个特征的柔性机器，包括移动性、个体性、智能性、通用性、半机械半人性、自动性、奴隶性。

另一个是：机器人应当具有仿人的特点，即会动手、能走路、善思考，还能感知外部环境，调整自身状态。

大脑是人类思考、感知和行动的中枢，控制着人体的各项功能和行动。

按照上述机器人的定义，机器人也应该有一个“大脑”，它的大脑就叫**“人工智能”**。

只要人工智能不具有威胁性，听命于它的机器人自然就是友好的。

不过，机器人的“大脑”只是人工智能的应用之一，人工智能涵盖的范围要比机器人大很多，包括在开篇提到的人工智能在人们生活中的广泛应用。

什么是人工智能呢？这还要从20世纪说起。

1956 年夏天，一场影响深远的学术讨论在美国达特茅斯学院数学系所在大楼的顶层举行。

这次会议的核心成员只有 10 位，会议开开停停，足足开了两个月，只为一个全新的主题：用机器来模仿人类的学习及其他方面的智能。

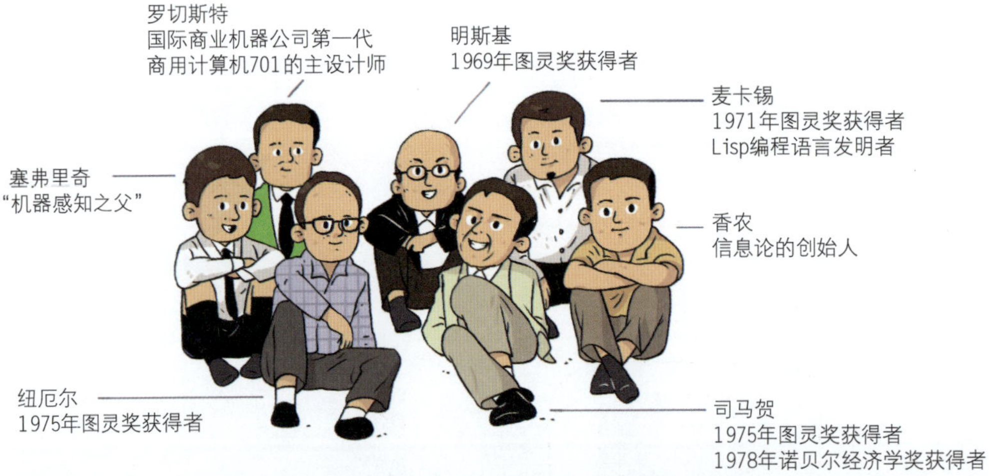

参与达特茅斯会议的部分科学家

与会的核心成员，后来几乎都成了各自领域的奠基人，其中不少是后来**图灵奖**得主。

这次会议是由两名 29 岁的年轻人发起和组织的。

其中一位叫**约翰·麦卡锡**，当时还只是达特茅斯学院的助理教授，相当于中国的大学讲师，刚从普林斯顿大学数学系博士毕业没几年。他给这次会议的主题起了个名字，叫“人工智能”（英文全称为“Artificial Intelligence”，缩写为**“AI”**）。

麦卡锡，美国计算机科学家

另一位叫**马文·明斯基**，当时是哈佛大学的初级研究员，是麦卡锡在普林斯顿的大学同学。

明斯基，美国计算机科学家

其实，早在1950年，一位年轻的英国数学家就发表了著名论文《计算机器与智能》，并提出了那个困扰人类多年的问题：机器能思考吗？

艾伦·图灵，英国计算机科学家、数学家，“计算机科学和人工智能之父”

这位年轻学者，就是后来被誉为“人工智能之父”的**艾伦·图灵**。

图灵在中学的时候，据说成绩一般，上数学课的时候既不听讲也不看书，所有定理都是他自己推导出来的，也就是说，**中学以前的数学知识，他从头证明了一遍。**

后来，图灵考入了剑桥大学国王学院专攻数学。他性格内向，不喜欢参加集体活动，却善于长跑，是剑桥大学的长跑冠军！

早在 1936 年，图灵提出了一种模拟人们用纸笔进行数学运算的抽象机器——**图灵机**。

图灵机有三个组成部分：一条无限长的**纸带**，上面有无数多个格子，每个格子里可以写 0 或 1；一个可以移动的**读写头**，每次可向当前指向的格子写入 0 或 1；一个**自动机**，可以根据自身的状态，以及当前纸带上的格子是 0 还是 1，指示读写头向左或向右移动一个格子，或向当前的格子写入内容。

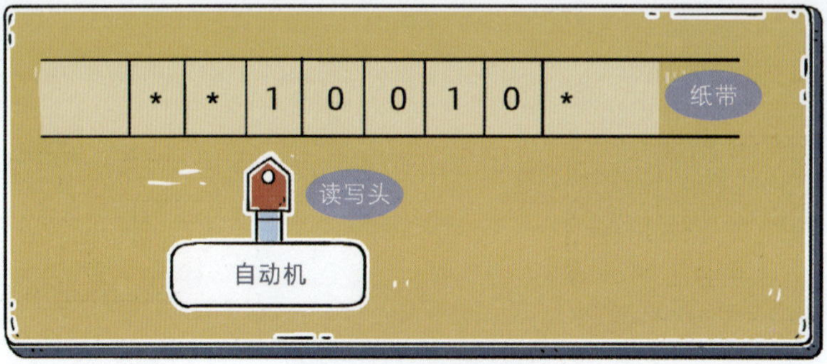

图灵机示意图

然而，就是这样一个简单得不能再简单的理论装置，却意义重大。图灵机被认为是计算理论的基石，为计算机科学的发展提供了一种简单而强大的数学工具，从而对计算机科学的发展产生了深远影响。

在发出“机器能思考吗”之问后不久，图灵又提出了一个方法，可以测试机器是否具备智能，这就是著名的**“图灵测试”**。

机器（计算机）在进行图灵测试时，还需要两位参与者，即一位**询问者**和一位**被测试者**。

首先，计算机和两位参与者被分别安排在不同的房间里；

然后，询问者提出一系列问题，由计算机和被测试者分别作出回答；

最后，询问者在获得答案后，如果分辨不出哪个是计算机回答的，哪个是被测试者回答的，则此台计算机通过了图灵测试。

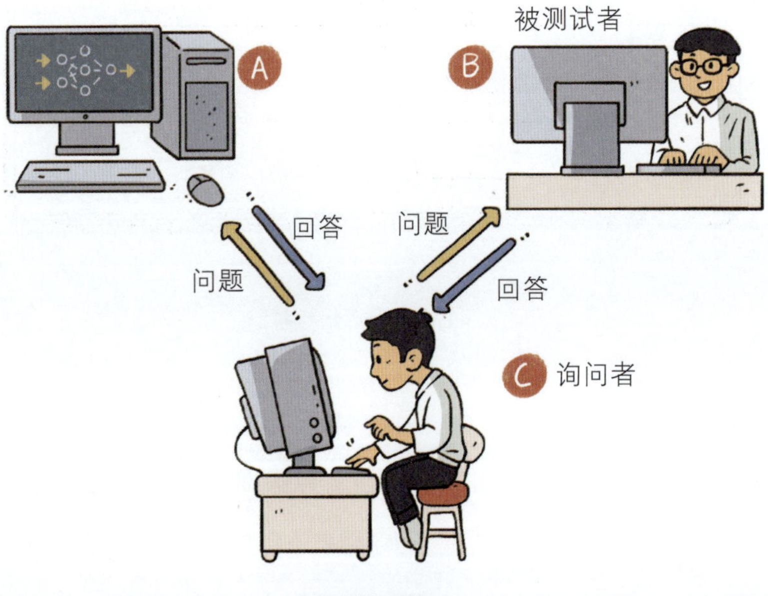

图灵测试

从1990年开始，全世界每年都举行图灵测试大赛。

图灵当年预言，到2000年，一定会有机器通过图灵测试。然而，现实的情况比图灵的预测晚了14年。

2014年，在英国皇家学会举行的**“2014图灵测试”**大会上，一款由俄罗斯人开发的，名为尤金·古斯特曼的计算机程序首次通过了图灵测试！

尤金模拟的是一名13岁的男孩，它模仿一个调皮的少年和人类进行对话，成功地“骗过”了人类测试者。

在图灵测试之后，又出现了一系列测试人工智能的方法。

比如有**“中文房间实验”**。这个实验认为，电脑无法真正理解接收到的信息，但它们可以运行一个程序来处理信息，以此给人一种智能的印象。

还有**“King-Kong 测试”**。这项测试提出，如果某台电脑能够通过图灵测试，那么它就是“智能的”；如果它不仅能通过一个对话者的测试，还能通过所有对话者的图灵测试，那么它就“具备智能”。

随着时间的推移，人工智能的含义也逐渐明确起来，就是让智能机器逐渐具备人类的各项智力技能，包括：听（语音识别等）、看（图像识别等）、说（人机对话等）、思（专家系统等）、学（机器学习等）、行（自动驾驶等）……

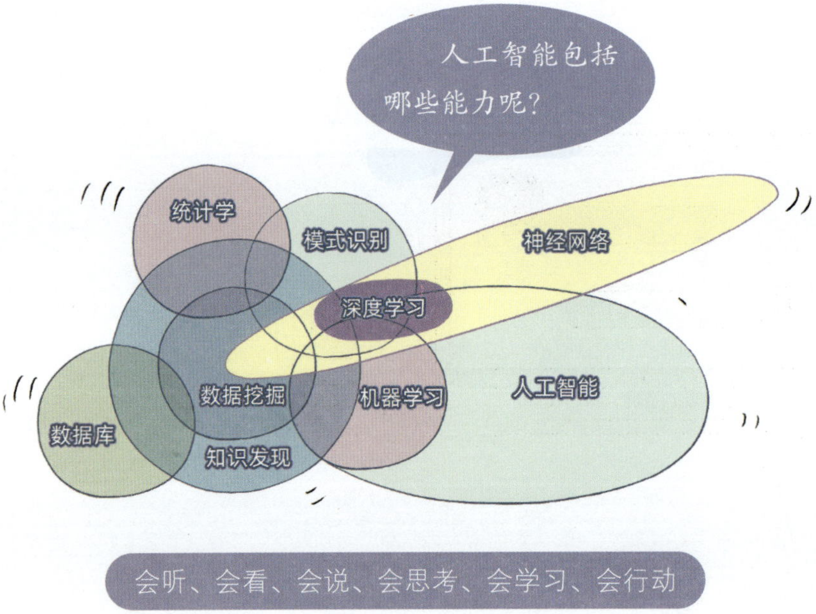

赛过最博学的人类专家

你还记得**人工智能**是怎么来的吗？

对啦，上一章介绍了 1956 年的**达特茅斯会议**，年轻的麦卡锡为会议的主题起名叫“人工智能”，缩写为**“AI”**。今天，AI 已成为一个热度很高的词汇，我们对它再熟悉不过了。

达特茅斯会议掀起了人工智能的第一次高潮，与会的大部分成员乐观地认为，人工智能前景光明，机器在不久后就可以完成人类能做的任何工作。

明斯基甚至认为，用不了 20 年，科学家们就能基本解决创造人工智能的问题。

然而，他们还是过于乐观了。

在接下来的 20 年中，人工智能虽然取得了一些成果，但明斯基的预言却迟迟没有兑现。

到了 20 世纪 70 年代，人工智能的重大预期目标都没能实现，它开始遭到人们的质疑和批判，研发资金也受到影响，人工智能的发展跌入谷底。

这是人工智能的发展第一次经历“寒冬”。

起初，科学家们认为，只要赋予机器逻辑和推理能力，机器就会具备智能。

然而，这个思路走进了死胡同。

这时候，美国计算机科学家**爱德华·费根鲍姆**出现了！

费根鲍姆认为，机器要具备智能，还必须拥有大量的知识，把这些知识放到一起，叫作**知识库**。

费根鲍姆，美国计算机科学家

在知识库的基础上，人们根据需要制定使用规则，以便让机器协助人们完成逻辑推理、知识获取、决策支持等工作，从而解决特定领域的问题。这就是费根鲍姆所说的**“专家系统”**。

费根鲍姆自幼就在自家的食品店帮忙算账，对那台笨重的计算器非常好奇。他 16 岁考上大学，随后跟随**司马贺教授**攻读博士。司马贺教授是达特茅斯会议的参会者，也是人工智能的奠基人之一。

司马贺，美国计算机科学家、心理学家

费根鲍姆的博士论文非常出色，并由此开发出了第一个模仿人类学习的计算机系统。

博士毕业后，费根鲍姆来到斯坦福大学，在那里建立了第一个知识系统实验室，该实验室接连开发了好几个当时著名的专家系统。

1965 年，费根鲍姆等人创建了首个**专家系统**，这个系统具有非常丰富的化学知识，可以帮助化学家推断分子结构。

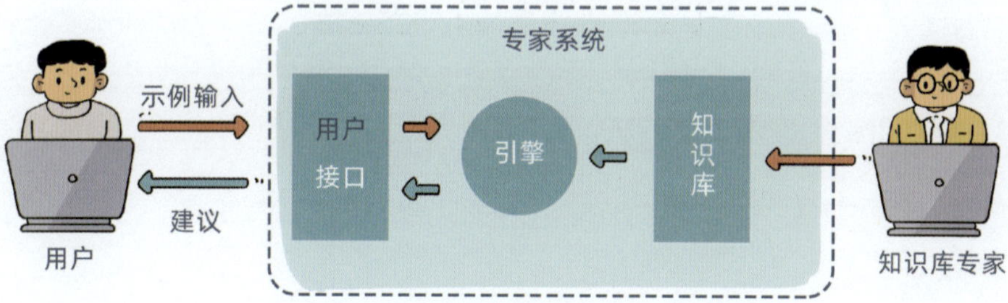

专家系统示意图

专家系统利用计算机模型来处理和解释复杂问题，并得出与专家相同的结论，它是早期人工智能的一个重要分支。

1978 年，费根鲍姆领导团队开发了一个辅助医生检查血液传染病的**专家系统（MYCIN 系统）**。

该专家系统的表现出乎意料得好，其诊断能力甚至超过了一些医生。

MYCIN 系统的误诊率也很低，可以说在当时达到了专家级水平。

MYCIN 系统制定了 200 多条规则，它可以接收规则内的问题，然后像医生一样给出诊断结果。

例如：

如果患者已经确诊为脑膜炎；

如果感染的细菌类型为真菌；

那么可能的治疗方案是……

最后，制定最佳的综合治疗方案。

通过 MYCIN 系统的问答可以看出来，专家系统就是把某领域内可能出现的问题及情境一一罗列出来，所用的规则就是“如果……那么……”

开发这样的**专家系统**，就像盖房子一样，程序员与领域专家们共同梳理出该领域内所有的知识点，形成一个个独立的规则**“砖头”**，最后垒成专家系统的整体**“建筑”**。

几条这样的规则没什么了不起，可是成千上万条这样的规则，就可以覆盖一个具体领域的绝大部分问题了。

当这些规则以专家系统面目整体出现的时候，会让使用者大为惊讶，因为没有一个人可以记住这么多条规则。

作为人工智能早期最为成功的应用，专家系统除了在医疗领域大显身手外，在工业领域也得到了广泛应用。

例如，美国数字设备公司投入使用了一款组装电路板的专家系统，它有1万多条规则，可以根据用户的不同需求，自动配置每一台计算机上的电路板。据统计，7年间，该专家系统共协助处理了8万多份订单，**准确率高达95%**。

费根鲍姆的专家系统，引领人工智能走向了第二次发展浪潮。

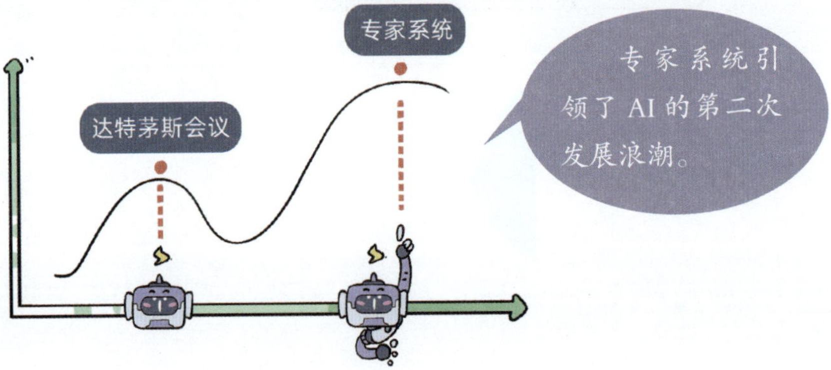

专家系统需要庞大的知识库，对于智能机器来说，它们的知识库是怎样构建和运行的呢？

所有的**智能机器**，包括计算机、智能手机、机器人等，都是由**硬件**和**软件**组成的。

硬件指物理的、有形的部件或组件，看得见、摸得着，如机壳、中央处理器（CPU）、显示器等。

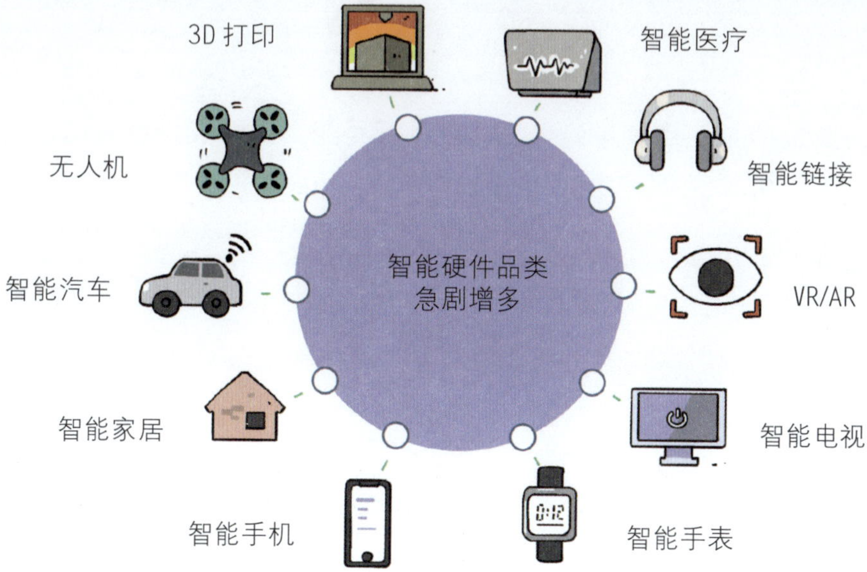

AI 的各种硬件

而软件则是在硬件上存储和执行的编程代码，包括操作系统、应用程序，以及各种数据和文件等。

AI 的各种软件

奇怪的是，这些智能机器的软件都是用二进制数据编写的！

什么是二进制呢？二进制是以 2 为基数的计数系统，所有的信息都只用两个数字“0”和“1”的组合表示。

二进制的运算和我们通常学习的十进制有所不同。

比如你今年11岁，这是十进制的说法，换算成二进制该是多少呢？就是将11除以2，得到的商再除以2，一直除到商变成0为止，所得的余数从后向前，按顺序排列起来，就是二进制的数字“1011”啦。

智能机器上为什么要用二进制呢？原因是多方面的，其中比较突出的有以下两点。

一是二进制系统简单，且可靠性高。二进制系统只涉及两种状态，即 0 和 1。这种简单性使得电子电路的设计、实现和维护更加容易，传输和处理时不易出错，可靠性高。

二是计算机的运算中，除了数字运算，还有很多逻辑运算，二进制的简单性更加适合逻辑运算。

随着计算机的广泛应用，**二进制数据**就像图书馆里的图书一样不断累积增多，这为人工智能的发展打下了基础。

因为人工智能是通过处理和分析大量数据来实现各种任务，展现智能特征的。就像大海里的须鲸（AI），需要小鱼小虾（数据）作为口粮，数据量越大，人工智能就会发展得越快。

AI“鲸吞”大量数据

在人工智能的发展历程中，专家系统被认为是早期成功的应用之一，它是一种依赖于数据和知识的人工智能应用。

数据在知识获取、推理、决策支持和知识库维护等方面起着关键作用。

专家系统的接连成功，让人们误以为这是一条通往终极人工智能的“康庄大道”。

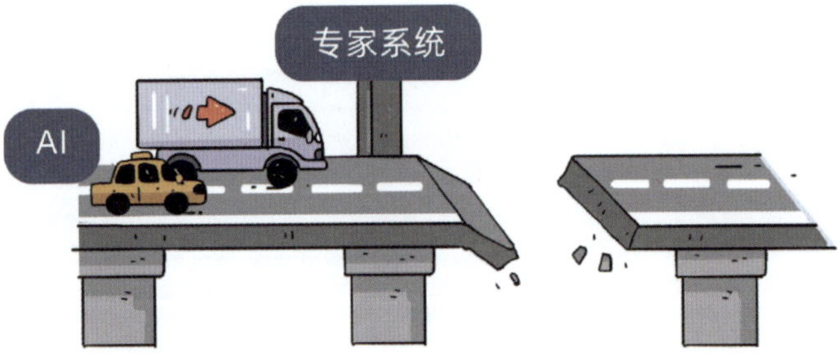

然而，人们很快又发现了新的矛盾：每个专家系统聚焦的都是单一的专业领域，换个领域又得再做一遍。时代在发展，新的领域不断冒出来，即便是同一个领域，知识也在不断更新，新的专家系统刚做好，又该修改调整了，没完没了。

到了 20 世纪 80 年代，专家系统的发展并没有达到市场的预期，其发展也开始衰落下来。人工智能的大规模应用遭遇瓶颈，第二次发展浪潮也逐渐停息。

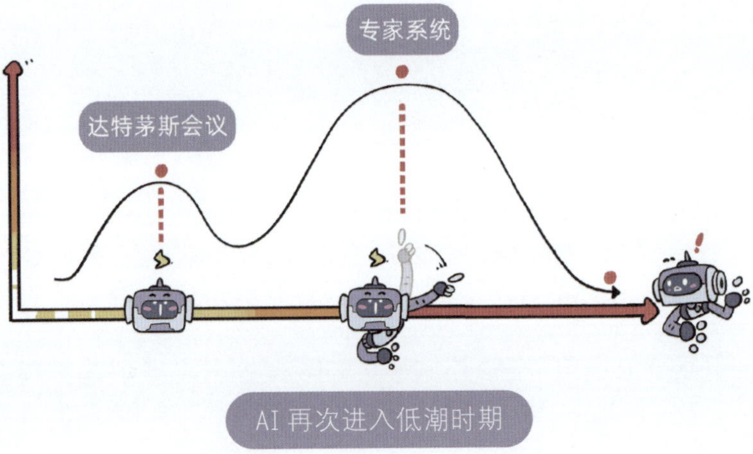

专业领域的专家系统出现低潮的同时，综合性的专家系统，也就是百科全书式的知识库却没有停止发展的脚步。

比如，始于 2001 年的**维基百科**，它是一部线上“百科全书”，可以被自由编辑，并致力于向读者提供免费的百科知识。

得益于互联网的快速发展，加上读者可以自由且开放地参与编辑，使得维基百科广受欢迎。

2010 年，谷歌收购了一家类似于维基百科的专家系统公司，并起了一个响亮的名字——**知识图谱**！

2011 年，**国际商业机器公司**整合了两个知识图谱后，推出了“沃森人工智能计算机系统”，它是一种高度发展的专家系统。

沃森人工智能计算机系统

沃森的知识储备相当惊人，在美国电视智力竞赛节目中，它击败了两位人类冠军选手呢！

2012 年，**谷歌知识图谱**发布，它是一个从多种信息来源汇集的**知识库**，能协助使用者更快找到所需的资料，以提高谷歌的搜索质量。

谷歌知识图谱构成了一张巨大的网络图，节点表示实体或概念，箭头则表示它们之间的属性或关系。

随着**语音识别技术**、**图像识别技术**以及**网络搜索技术**的迅速提高，现在的人工智能专家系统的知识储备能力更加强大。

可以说，只要是人类已知的、网络上能找到的知识，它都不怕被问倒，而且还能对答如流呢！

你可以对着手机问一些科学难题，看看能不能问住它？或者拍几张花草鱼虫的照片，问问它认不认识？试过之后，你一定会惊叹不已！

知识图谱已经获得了高度发展，但它仍然以专家系统为基础，因此，它只能是人工智能发展的一个分支，而不能代表人工智能发展的全貌。

专家系统走入**低谷**的一个重要原因，就是人们无法没完没了地提供新知识，编写新规则。

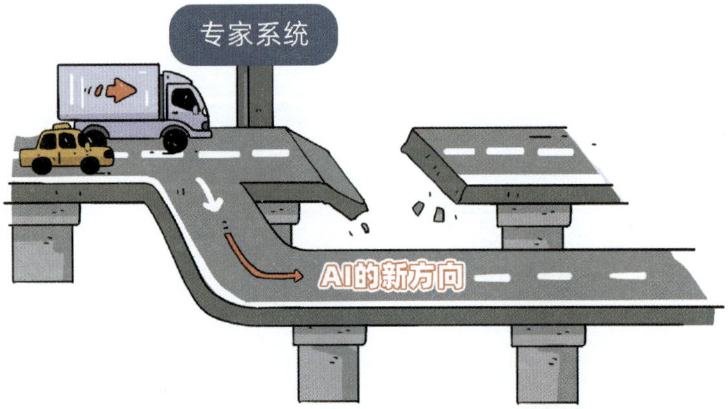

牛顿说过，没有大胆的猜想，就不会有伟大的发现。既然瓶颈就在这儿，我们是不是可以异想天开一下：机器能否自己学习知识、自己制定规则呢？

在“大数据”里面挖呀挖

大约 3.5 万年以前，在非洲南部的一个洞穴中，古人留下了**刻痕兽骨**。

它是用狒狒的腓骨做成的，上面有 29 条短线刻痕，考古学家认为，这些刻痕记录的是月亮的变化。因为月亮的变化周期正是 29.53 天。

刻痕是人类最古老、使用最广泛的计数方法。远古人类会在兽骨、木头等硬物上，或者在洞穴的墙壁上刻下痕迹，来记录数量。

从中文数字的“一、二、三”到罗马数字的“Ⅰ、Ⅱ、Ⅲ”，不同文化中都保留着远古刻痕的遗存。

刻痕计数的方法一直到现代都还在使用。

你看过**《鲁滨孙漂流记》**吗？主人公鲁滨孙一个人流落到荒岛上，为了记住日期，他找来一根木棍，每过一天就刻一道痕。

鲁滨孙记录日期

汉字里的**“正”**字，横平竖直，正好五画，便于临时计数。因此，直到今天，人们还在经常使用。这种方便的计数方法，其实沿用的仍然是“刻痕”这一古老办法。

方便的计票方法

刻痕只能计数，不能记事，遇到重大事件，就无能为力了。

比如，部落获得了一场战争的胜利，杀死了多少敌人、俘获了多少人口、缴获了多少牲口……怎么才能记录下来，让后人知晓呢？

于是，聪明的古人又发明了**“结绳记事”**的方法，这是一套更复杂、更有效的记录体系。

大约1万年前，古人用不同材质、不同粗细的绳子，通过打结的方式记录事件。

负责记录和管理这些绳结的人，一般都是部落的长者或巫师，他们算是人类最早的知识分子。

交换是人类社会的属性，在古代，为了生存，人们需要通过交换这种方式各取所需。人们所需要的日常用品，如衣服、药物、盐巴、各种工具等，都需要交换所得，没有交换就没有生活品质，甚至都很难生存。

规模化交换农产品和动物，催生了文字的出现，因为交换之前先要谈好条件和数量，交换之后还需要验收。

6 000 多年以前，苏美尔人在粘土泥板上刻画**标记符号**，后来，这些符号逐渐形成了**文字**。

在中国的传说中，黄帝统一华夏之后，有一名负责记录的部下叫**仓颉**。随着部落扩大，人口增多，事务越来越庞杂，仓颉高兴不起来了，因为结绳记事的方法越来越不管用了。

一天，仓颉碰到了几个老猎人，他们正在根据地上的野兽脚印辨认猎物的踪迹。仓颉突然想到：我可不可以设计一种符号来表示所记录的东西呢？

仓颉造字

仓颉开始按照各种物体的特征，绘出了不同的**象形字**。日积月累，仓颉造的字也越来越多了，这便是汉字起源的传说。

中国古人很早就开始观察并记录天象的运动规律，通过数据的长期积累人们发现了农时的规律，形成**历法**。经过几千年的数据积累和上百次的历法调整，形成了今天的**农历**。

农历属于阴阳合历，是兼顾了太阳、月亮与地球三者关系的一种历法，它对中国文化与文明产生了重大影响。

二十四节气，能准确反映自然节律变化，蕴含着悠久的文化内涵和历史积淀，是农历的一个重要部分。

东汉时期的天文学家张衡，利用浑天仪等仪器进行了精确的天文观测，并制定了日食和月食的预测方法。1 000 多年后，西方的天文学家开始了更加耐心的观测和数据记录。

1576 年，丹麦天文学家**第谷 · 布拉赫**说服了丹麦国王，在汶岛上建设了当时世界上最好的**天文台**。此后的 25 年，第谷坚持夜间观察天象，并把观测的数据记录下来。

第谷用肉眼观测恒星，并精准地记录了一千多颗恒星的位置**数据**。

第谷去世后，他的助手**约翰尼斯 · 开普勒**获得了全部数据。开普勒笃信数学公式，经过 8 年的整理，他终于发现了震惊世界的**行星运动三大定律**。

比如，开普勒发现行星的轨道是椭圆的，而不是此前人们认为的圆形。可以说，没有大量的准确数据，就不可能有开普勒的伟大发现。

数据分析不仅能帮助科学家找到科学规律，还能帮助人们找到流行病的源头。

很难想象，作为世界上首屈一指的大城市，19 世纪的**伦敦**竟然被粪坑包围，恶臭弥漫。由于城市里缺少下水道和污水处理系统，居民的生活污水和粪便只能排到房子附近的粪坑当中。

不仅如此，当时的伦敦还受到霍乱的严重威胁。霍乱是一种致死率很高的传染病，在当时无药可医，一旦感染就只能等死。

19 世纪的伦敦

19 世纪伦敦大面积的**霍乱爆发**总共有 4 次，每次都有数以万计的人死亡，这引发了人们的极度恐慌。

到底是什么原因引发了疾病的流行呢？有人说是因为空气被污染了，有人则认为是水被污染了，还有人认为是垃圾堆积，莫衷一是。

尽管人们用各种各样的方式打扫卫生、寻找传染源，但是污染源始终没有找到，直到斯诺医生的出现。

约翰·斯诺是一位出色的流行病学医生，同时他还负责手术前为病人实施麻醉的工作。

斯诺拿来了感染病人的死亡统计数据，挨家挨户走访，通过问询和取样分析，查明了每一个感染家庭的水源。他还创新了记录方法：将死者的地址标注在地图上。地图上呈现的信息立刻清晰起来，死亡的黑点都是从一个地方辐射出去的，那就是**水泵**！

斯诺建议立即封闭这个水泵，果然，霍乱的传播被切断了。

随后，伦敦市政府也接受了斯诺的建议，建设了一条全新的下水道系统，自此，霍乱再也没有在伦敦出现过。

在电脑出现之前，数据的产生主要依靠手工记录，产生过程缓慢，属于**“小数据”时代**。即便如此，人们通过对这些“小数据”的整理分析，仍然获得了很多了不起的成就。

接下来，我们来看看什么是**“大数据”**。

多媒体课件我们都不陌生吧？这些看起来有声、有色、有文字、有画面的课件内容，在电脑或其他播放设备的内部都是由二进制数据0和1组成的。

因为，二进制数据是所有数码产品的通用语言，包括电脑、手机，以及与它们相连的显示器、投影仪、打印机，等等。

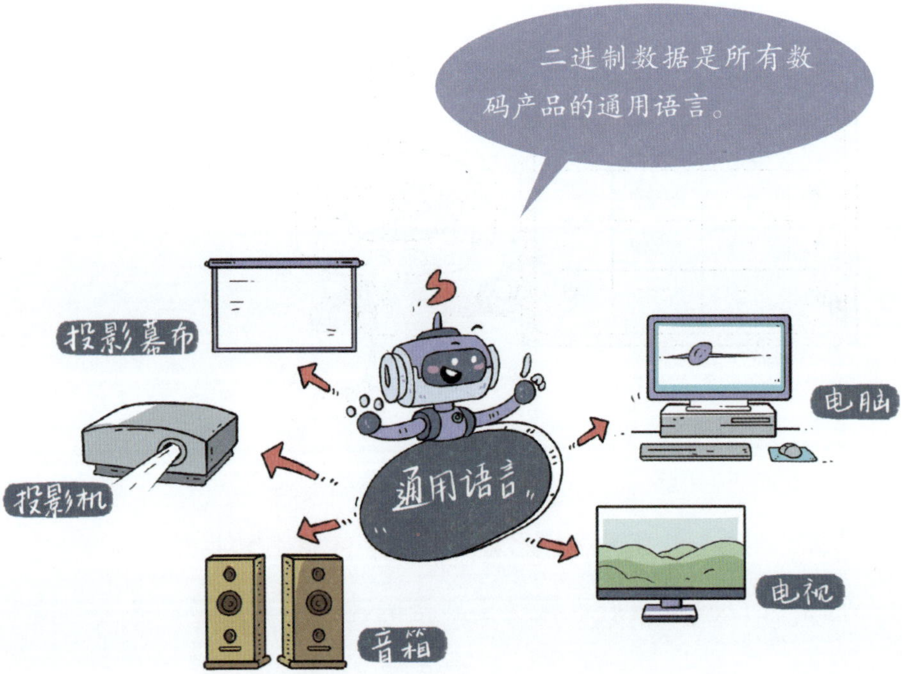

20世纪40年代，通用电子计算机（电脑）问世后，在军事和科研领域发挥了重要作用。20世纪60年代末，美国军方有了将电脑连接起来用于军事通信的需求，后来这种连接又扩大到了高校和研究机构，这便是今天互联网的前身。

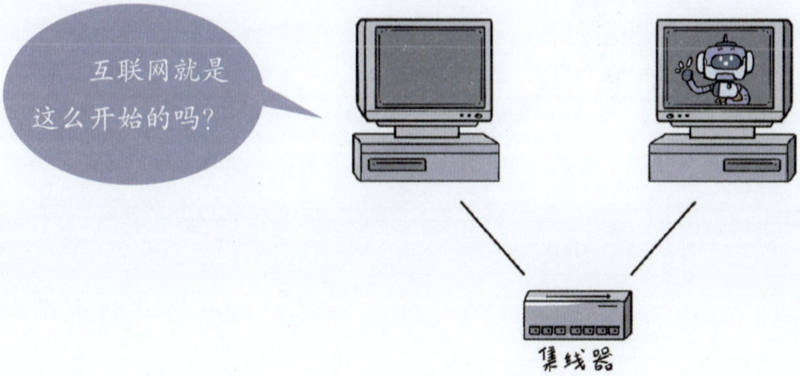

20世纪末期，商业网络和企业之间的连接迅速发展，全世界的电脑逐渐串联成了一个庞大的网络系统，它就是**互联网**！

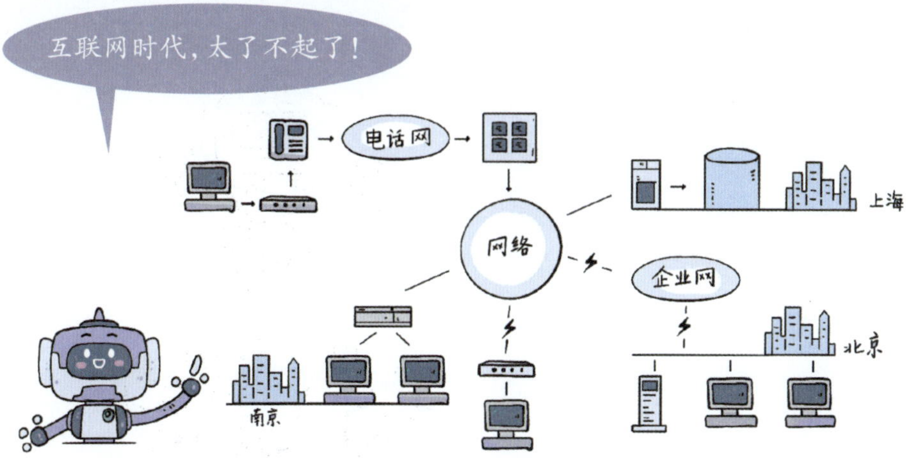

互联网是一个链接和共享数据的全球性网络，使得信息传递极为便捷，被誉为**“信息高速公路”**。

通过互联网，人们可以在世界各地传输和共享各种类型的数据，包括文本、图像、音频、视频等。每一台连接互联网的电脑，在使用互联网数据的同时，也在为互联网创造着新的数据。因此，互联网的发展促进了大量数据的产生，它们有规模庞大、多样化和高速产生的特点，被称为**“大数据”**。

智能手机越来越普及，人们日常的社交互动、在线交易、位置信息等，都在贡献着**海量的数据**。

另外，城市的环境数据、工厂的生产数据、物流的运输数据、研究机构的科研数据，以及**气象数据**、**交通数据**、**金融数据**，等等，每分每秒都在不断地积累。

过去50年，《纽约时报》总共产生了30亿个单词的信息量，现在仅仅一天，网络平台上就能产生80亿个单词的信息量；我们使用的社交软件更厉害，平均每天有450亿次的信息发送！可见，大数据时代堪称数据大爆炸的时代。

大数据像一条不断增长的大沙河，里面也散落着一些**“金沙”**，可是大沙河里面的沙子总量太过巨大，实在无法用传统方法提取。

有办法挖到这些金沙吗？有！

科学家们发明了很多种**大数据技术**，这些技术和方法使得人们能够处理和分析海量的数据，从中发现有价值的信息和模式，用于科学研究、商业分析等领域。

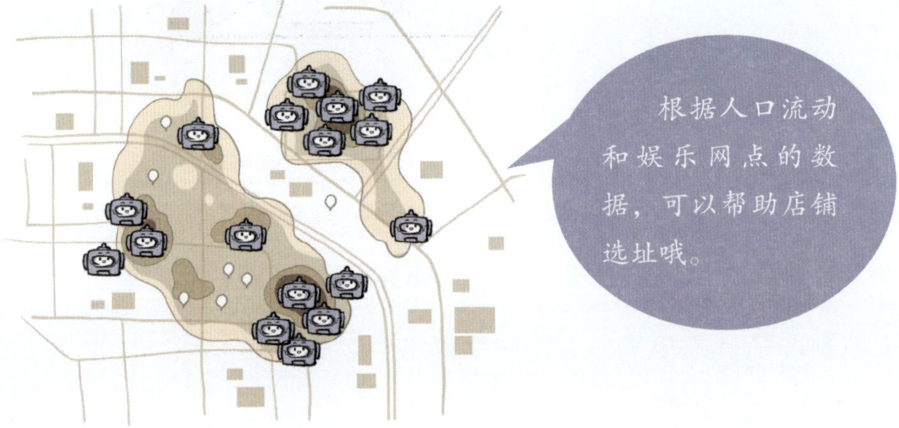

早在 2009 年，谷歌通过分析 5 000 万条美国人最频繁检索的词汇，将这些数据和美国疾病控制与预防中心之前的流感传播数据进行比较，并建立一个特定的**数学模型**，竟成功预测了 2009 年冬季流感的传播路径，甚至可以具体到特定的地区。

计算设备处理信息（数据）的能力又叫**算力**。大多数情况下，海量的大数据需要配套大计算能力才行，否则就是徒劳无功，啥也发现不了。

比如，2018年，台风“山竹”来袭，在这之前，工作人员需要对台风快速成像，并给出**准确预报**。气象预报数据的处理和分析极为复杂，计算量惊人，即便使用最强大的计算机系统，也需要好几个小时。

但时间不等人，台风1个小时之后就可能登陆，引发灾难性后果！

面对这样的挑战，再临时去找一台更加强大的**超级计算机**？显然此路不通。

于是，新的思路来了：把成千上万台计算机组织起来，让它们像一支军队那样协同工作，不就能满足我们**处理大数据**的计算要求了吗？

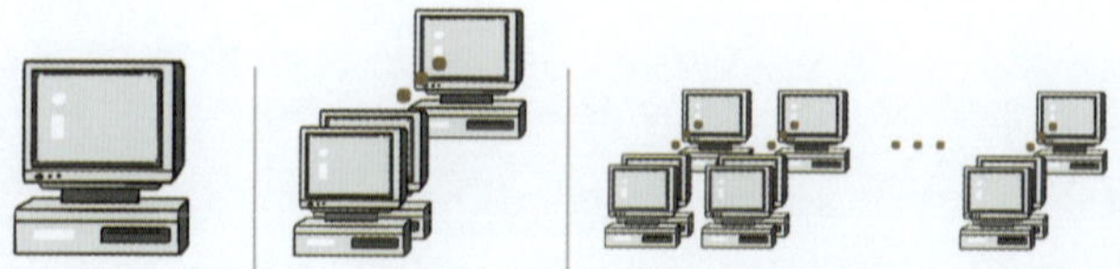

计算机数量	1台	1万台	100万台
所需时间	100小时	15分钟	不到9秒

假如有个庞大的计算任务，单台计算机需要计算 100 小时才能完成。那么，按照新思路，1 万台计算机协同作业，15 分钟就能完成。要是 100 万台计算机同时计算呢？请你试着算一算吧。

这不是幻想，而是已被广泛使用的**“云计算”**。

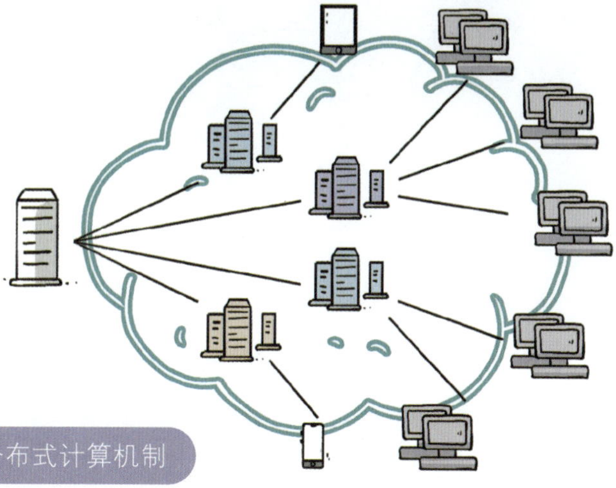

云计算的分布式计算机制

云计算需要一个叫作**分布式计算**的机制，就是把一个非常大的计算任务，自动分解到连接在互联网上的成千上万台的普通计算机上，最后再合并这些计算结果，得到最终结果。

面对海量的大数据，计算只是难题之一，更大的困难是如何发现其中蕴藏的价值。这就进入到了大数据科学的核心：**数据挖掘**。

之所以称之为**“挖掘”**，是因为在海量的数据中发现有价值的线索，就像开山挖矿、寻找钻石一样困难，甚至犹如大海捞针。

有一个非常有趣的数据挖掘的故事：沃尔玛商业零售有限公司不仅是全球最大的零售商，它的数据库也是世界上最庞大的商业数据库之一。在一次的数据分析中，研究人员发现，跟尿不湿一起卖得最多的商品竟然是啤酒！

这个看似突兀、令人费解的商品组合，经过跟踪调查后，被发现确有其事！原来年轻的爸爸买了婴儿尿不湿后，往往会再买点儿啤酒犒劳一下自己。

此后，"购物篮分析"便成了超市非常依赖的一种分析方法，也是指导商品合理摆放的一种科学方法。

另外，通过大数据分析用户的购买历史、浏览行为和偏好，电子商务公司可以实现**个性化推荐**，提高销售效率和用户满意度。

网络痕迹

网约车通过大数据分析乘客和司机的位置数据，实现智能调度和路径优化。

2011 年，美国有一名退役警察因超速驾驶引发了交通事故，这引起了一名女记者的关注。职业的敏感性让她怀疑类似的情况还有很多，不少警察可能习惯了开快车。

她调取了警车通过不同高速路口的**原始数据**，总共有 110 万条之多！她花了 3 个月的时间对这些数据进行了整合和分析。结果令人震惊：在 1 年多的时间内，当地 3 900 辆警车一共有 5 100 次超速，而且大部分都不是在执行公务。

大数据挖掘出美国警车超速丑闻

她的报道引发了警务部门的“大地震”，有近 800 名警察受到处罚，警察违规超速的行为得到了遏制。

如今，**大数据技术**在各个领域都有广泛的应用，还在不断创造新的应用机会，帮助人们更好地解决问题和创造价值。

知识延展：摩尔定律

1965 年，英特尔公司的创始人之一**戈登·摩尔**提出了一条经验规律：集成电路（芯片）上可容纳的晶体管数量每隔 18 至 24 个月会翻倍，同时芯片的制造成本却会相应降低一半。这就是神奇的**摩尔定律**！

近 60 年来，整个半导体芯片产业竟然服从了这条预测的定律，以**倍增**的速度飞速发展。每当科学家们以为摩尔定律的极限将至的时候，新的技术和发明又将这条直线延续了下去。

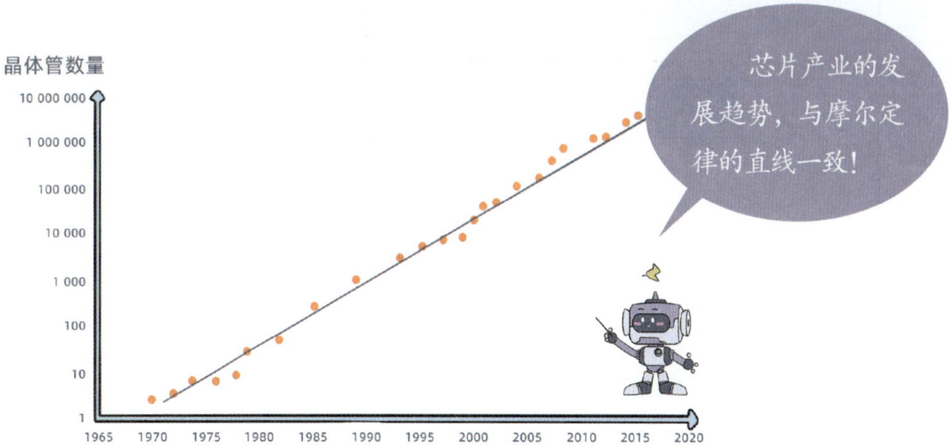

20 世纪 60 年代，每片芯片上的晶体管数量只有几百到一千个不等，成本也相对较高。到了 2023 年，芯片上的晶体管数量沿着摩尔定律的直线，已经达到了数十亿甚至更多，而成本相较于 1965 年也已经大幅下降。

你是否听说过下面这则有趣的故事呢？

一名棋手和国王**比赛下棋**，国王问他赢了想要什么。棋手的要求非常简单：只要在棋盘的第一格里放 1 粒大米，第二格里放 2 粒大米，第三格放 4 粒，以此类推，后一格大米的数量都是前一格的 2 倍，直到放满棋盘上的所有格子。

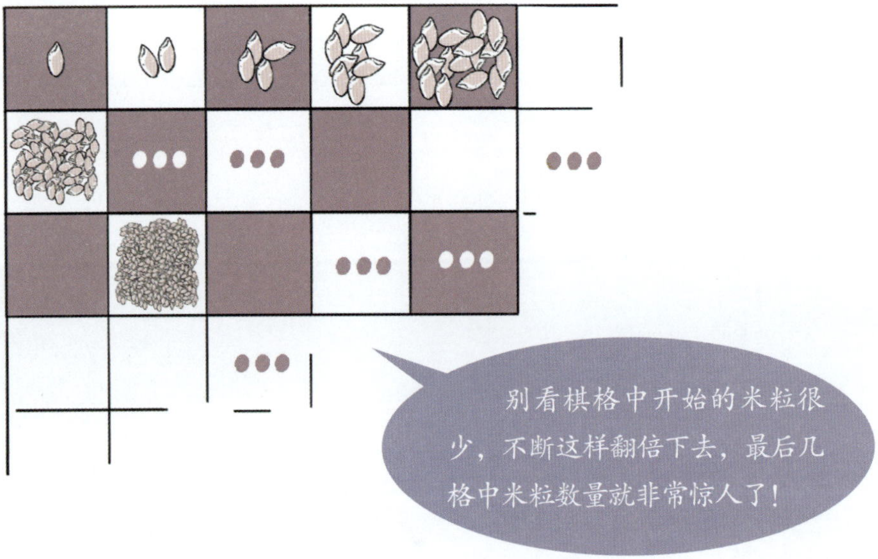

国际象棋棋盘总共有 64 个格子，结果不算不知道，一算国王傻眼了，因为放到后来，整个王国的大米都不够了！

这正是摩尔定律的可怕之处！

单个芯片上的晶体管数量就像国王棋盘格子里的大米一样，每隔 18 至 24 个月就要多一倍，以至于现在已经多到无法想象！

摩尔定律对半导体行业的发展产生了深远的影响，成为计算机硬件发展的基石之一。它的实现意味着芯片性能的极速增长，也使得计算机算力不断提升，同时成本还能不断下降，这促进了计算机技术的广泛应用，推动了**信息技术革命**的发展。

近年来，由于晶体管尺寸的不断缩小已经接近**物理极限**，以及芯片制造成本的不断上升，摩尔定律所带来的性能提升速度逐渐放缓。

第二篇 人工智能的繁荣

神奇的虚拟神经网络

现代的人们几乎每天都能接触到电脑，那么电脑是怎样运行的呢？

电脑的基本工作原理是这样的：计算机先从内存中取出第一条指令，通过控制器从存储器中取出数据进行运算，然后再把结果送到内存中去；接下来，再取出第二条指令，依次进行下去，直至遇到停止指令。

这套工作原理是由美国数学家、计算机科学家**约翰·冯·诺依曼**于 1945 年提出来的，因此又叫**冯·诺依曼原理**。

从冯·诺依曼原理中，我们能看出来，电脑本身并不具备像人类一样真正的智能，因为它只有按照人的指令或者编好的程序才能工作。

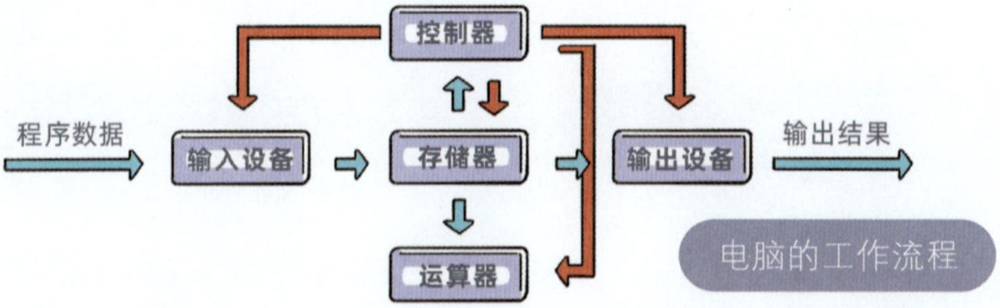

那么，怎样才能让电脑像人脑一样思考呢？这就需要先了解一下人脑的思维模式了。

人类大脑中参与思考的细胞，叫**神经元**。它长得很像流星锤，而且数量非常庞大，总共大约有一千亿个！

神经元上，负责接收信息的部分叫作**树突**，一个神经元有多个树突。但是，向外传导信息的渠道只有一条，这部分叫**轴突**。在轴突的尾端，有很多个末梢，它们和其他神经元的树突连接，形成突触，用以向外传递信号。

也就是说，神经元的输入信号可以有多个，但输出的只有一个，这是不是意味着一个输出的信号，是由多个接收的信号共同决定的？

罗森布拉特，美国心理学家

神经元类似流星锤一样的结构给了科学家启发。

1957 年，美国心理学家、计算机科学家**弗兰克·罗森布拉特**提出了**感知器**的概念：一个感知器可以接收多个信息，它们相互作用，形成新的信息后，再传递出去。这不就是**“仿生”**的神经元吗？

人脑神经元突触的紧密度是可以变化的，这说明不同神经元传达的信息对最终信息的影响是有区别的，影响大的称为“权重”大，影响小的称为“权重”小。

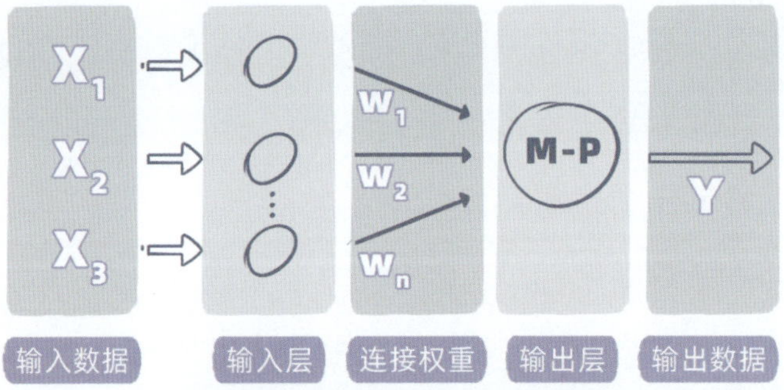

“感知机”神经网络模型

由此，罗森布拉特发明了叫作**“感知机”**的神经网络模型，意思是类似于大脑的信息处理网络。这是人类历史上第一个单层神经网络，可以完成一些简单的视觉处理任务。

显然，单层神经网络与人脑的距离仍然相去甚远。

科学家们进一步研究发现，人类大脑中的神经元一般都是“组团”工作的，每个工作单元（即模式识别器）大约由 100 个神经元组成，因此，大脑中有数亿个这样的模式识别器。

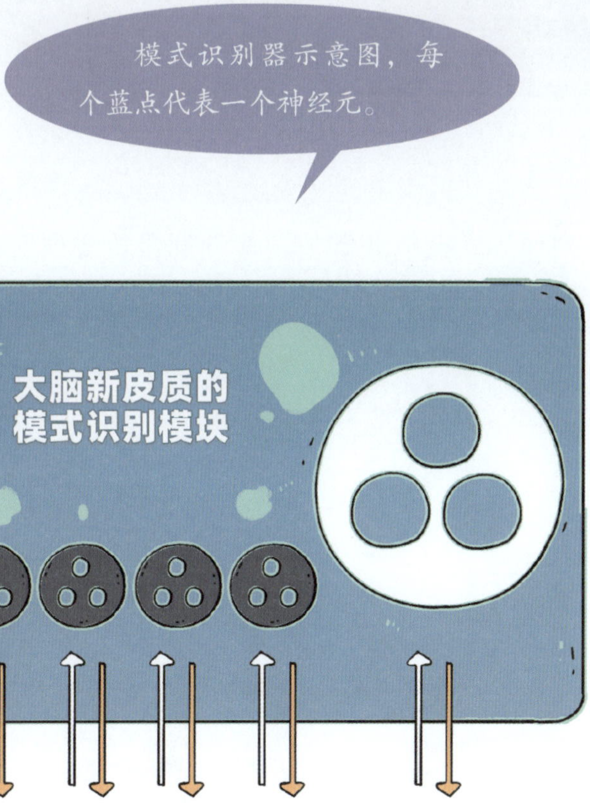

这些模式识别器是如何工作的呢？简单地说，模式识别器是按照层级关系排列的，信息识别的顺序是从低层级模式识别器流向高层级模式识别器，分层进行识别。**神经网络**一般由三层模式识别器构成，包括**输入层**、**隐含层**和**输出层**。

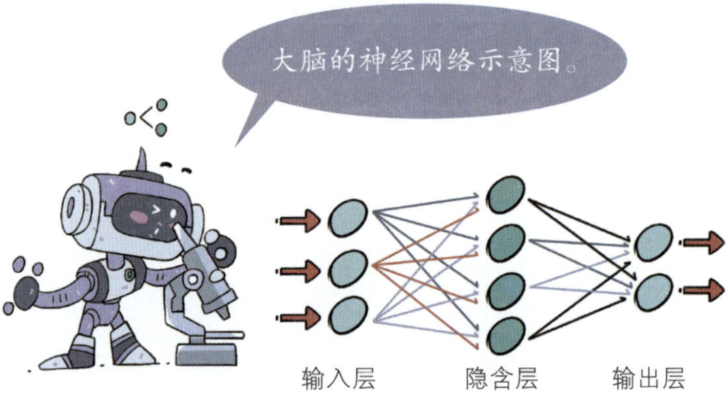

大脑实际工作时要比这个过程复杂得多：信息流向上激活模式识别器的同时，还会向相邻的模式识别器传递预测信息，一瞬间，大脑就会调集数以百万计的模式识别器同时工作，考虑输入的最终结果。

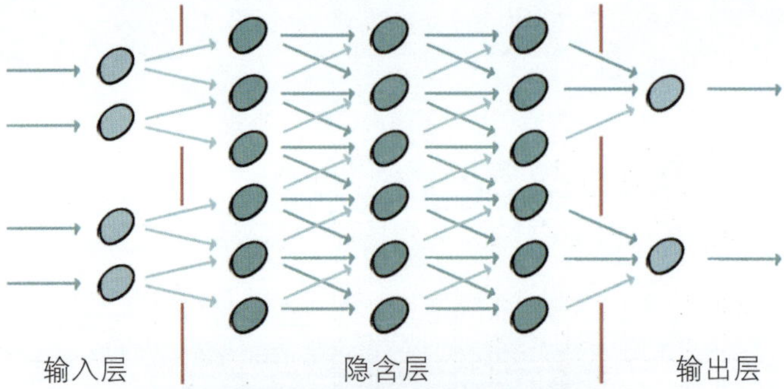

复杂的大脑工作过程示意图

另外，在神经元模式识别器中，信息既可以向上传递以激活高层级模式识别器，也可以向下传递以获得该层级更准确的识别。信息向下传递时，为了达到准确识别的效果，需要调整其内部参数，但一次调整显然是不够的，信息经过多次循环后，参数逐渐接近某个特定值，识别也就逐渐从模糊变得清晰起来，最终实现准确识别。

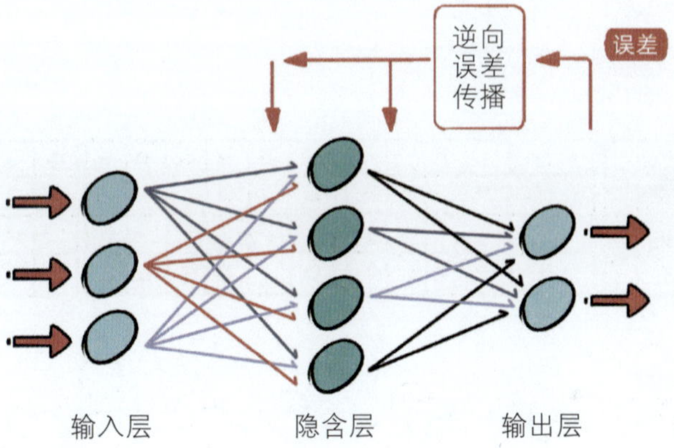

比如，在**语音识别**的过程中，先将语音转化为文字，再把文字转换成语音播报出来，就需要用到**循环语音识别技术**，以提高语音识别的准确性。

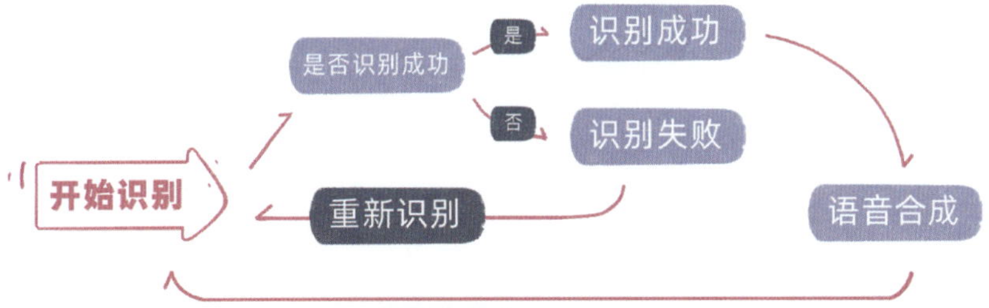

语音识别示意图

对大脑结构和运作模式的深入研究，再次促进了神经网络的复兴和发展。

虚拟神经网络是指模拟人类大脑神经网络结构和功能的计算模型，它可以模拟神经元之间的连接和信息传递过程，从而获得接近大脑运作方式、学习机制以及认知功能的**人工智能**。

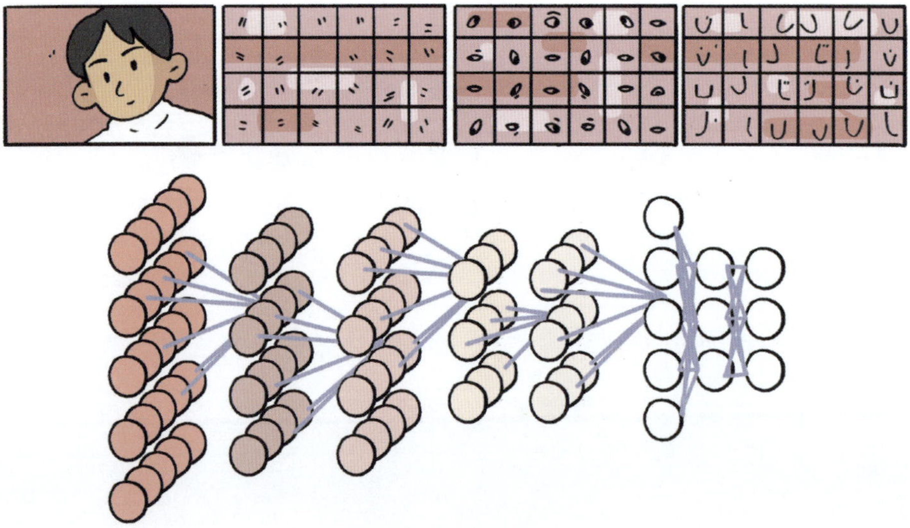

图像识别示意图

1982 年，新的虚拟神经网络问世，它由美国生物物理学家**约翰·霍普菲尔德**提出，被称为**霍普菲尔德神经网络模型**。

霍普菲尔德神经网络模型是一种**循环神经网络**，即一种单层互相全连接的反馈型神经网络，每一个神经元都向其他神经元传递信息，同时也接收其他神经元传来的信息。在输入信息的激励下，会产生不断的权重和状态变化。它可以模拟和理解信息存储和检索的过程。

霍普菲尔德，美国生物物理学家

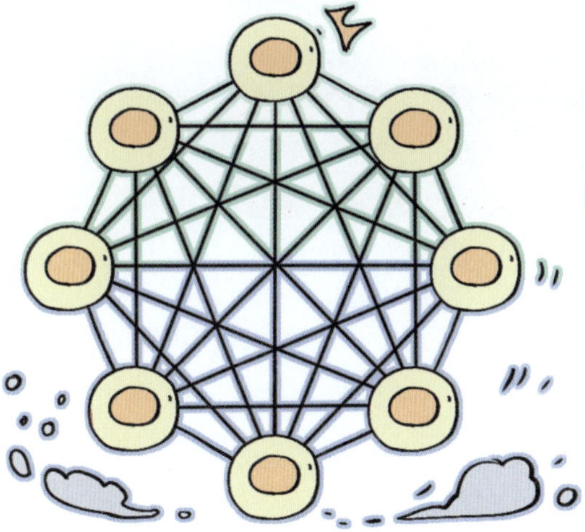

霍普菲尔德神经网络模型

霍普菲尔德神经网络模型的出现振奋了整个人工智能领域。

虚拟神经网络模型是怎样工作的呢?

科学家一开始不给定规则，而是像给婴儿喂奶一样，给电脑“喂”数据，也就是从结果出发，让电脑去计算需要多少个感知器，每个感知器的权重是多少。这些感知器和权重就是规则，这样，虚拟神经网络模型就给自己制定了规则。

这个过程和人类的决策过程高度相似，就是科学家将结果告诉电脑，让它自己找出规则，因此，这个过程也被称为**“机器学习”**。

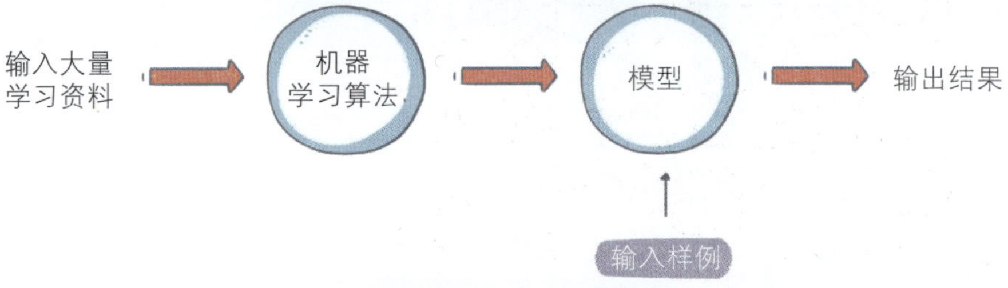

机器学习示意图

举个例子，假如我们要盖房子，传统的做法是先设计好图纸，确定不同结构所用的材料，再根据结构的尺寸确定材料的用量，还要确定建造的先后顺序，所有这些建造过程和规则都需要人工参与。而且规则和流程一旦确定，电脑就不会自行调整了。

而采用**机器学习**的方法，就不需要这样繁琐的流程。我们只要告诉电脑房子大概的样子和使用的材料，至于怎样建造就都是电脑的事情了：电脑会不断学习、试错，调整建造方法，直到最终拼装出和我们想象的房子无比接近的产品。更重要的是，电脑自此便积累了盖房子的**“经验”**，以后盖其他的房子就更快更好了。

也就是说，机器学习赋予了电脑“举一反三”的能力！

这么说来，机器学习真的很聪明？还谈不上聪明，但它真是能干！

比如天气预报，人脑同时考虑几个因素，就已经头昏脑涨了。但电脑却可以同时考虑成千上万的因素，并在很短的时间内完成非常复杂的计算，这也正是它的过人之处。

不同的任务，**神经网络**会调用不同规模的**感知器**，可能有成百上千甚至更多的感知器同时工作，而每个感知器都需要计算，这些大量的、复杂的计算，对电脑的算力提出了更高的要求。

所谓**算力**，就是计算能力，是指电脑处理信息的能力。

20 世纪 60 年代，**罗森布拉特**提出神经网络后不久，**明斯基**就指出，单层神经网络的能力是非常有限的，神经网络必须有多层感知器。但即使只增加一层感知器，计算量也会增加很多倍，当时电脑是没有这个**计算能力**的。

然而，根据神奇的摩尔定律，电脑算力的增长极为快速，如今，算力早已不成问题了。

同时，互联网的快速发展，也促进了虚拟神经网络的茁壮成长，互联网产生的**海量数据**，可不是垃圾，它们正是“投喂”虚拟神经网络所需的“口粮”。

看来产生多层感知器的神经网络的障碍已经消除了。

果不其然，大数据和算力的提升，孕育出了更加先进的神经网络。

2006年，一篇关于**深度神经网络**的论文出现在《科学》期刊上，作者叫**杰弗里·辛顿**。所谓深度，就是增加神经网络中感知器的层数。

辛顿出生于英国，获得心理学学士后，又痴迷于认知科学，并长期坚持**神经网络**的研究。他读博士期间，正值神经网络研究的低潮期，他的导师以及周边的人都建议他放弃神经网络，然而他却不为所动。

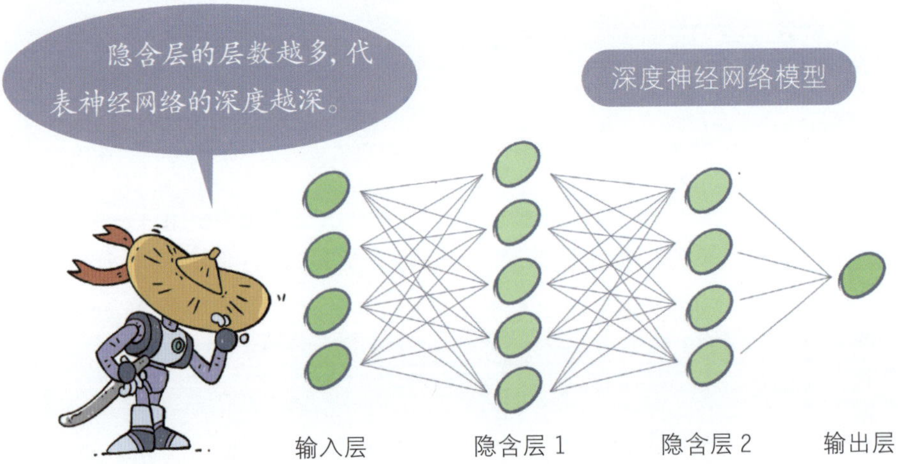

辛顿认为，大脑对事物和概念的记忆，不是存储在某个单一的地点，而是像数码照片一样由无数个像素组成，**分布式**地存在于一个巨大的**神经网络**里。

一个概念可以用多个神经元表达，同时，一个神经元也可以参与到多个概念中去，也就是说**概念**和**神经元**是多对多的关系，这个特点被称为**“分布式表征”**。

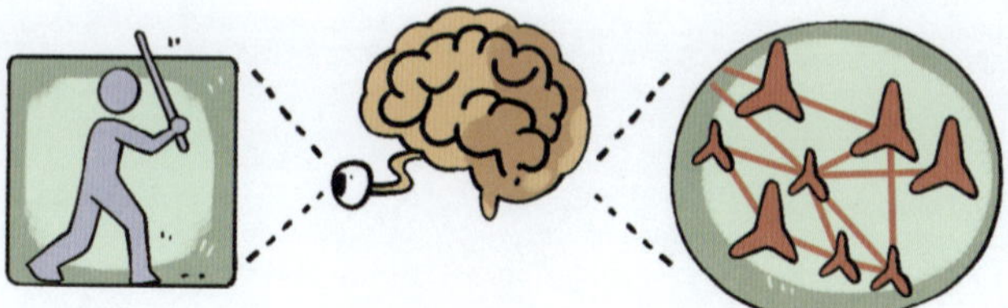

图 1

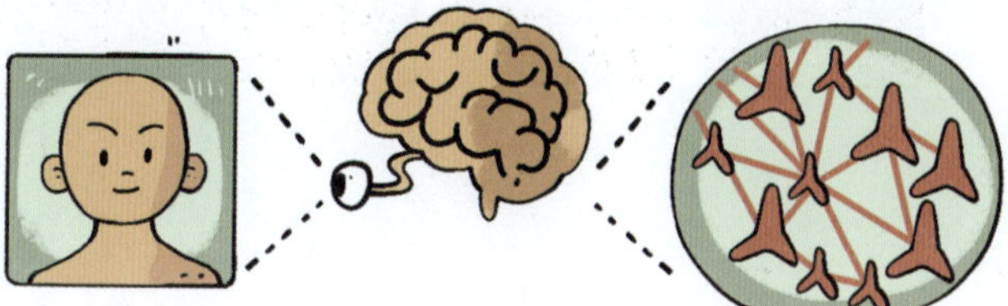

图 2

大脑分布式的信息存储方式

比如我们脑海里的“小花猫”，它可能涉及很多个神经元，一部分代表各种规格的“小”，一部分代表各种颜色的“花”，还有一部分代表各种形象的“猫”。

辛顿还认为，在神经网络中，增加感知器的层数，可以分析和捕捉事物更多的特征。随着感知器层数的增加，整个神经网络的参数和模拟能力都会得到提高，它可以无限接近人类的思考过程。

这就好比数码照片一样，随着像素的提高，照片就会越来越清晰，也越来越逼真。

为了形象地称呼这种多层神经网络，辛顿给它起了个好记的名字——**深度学习**。

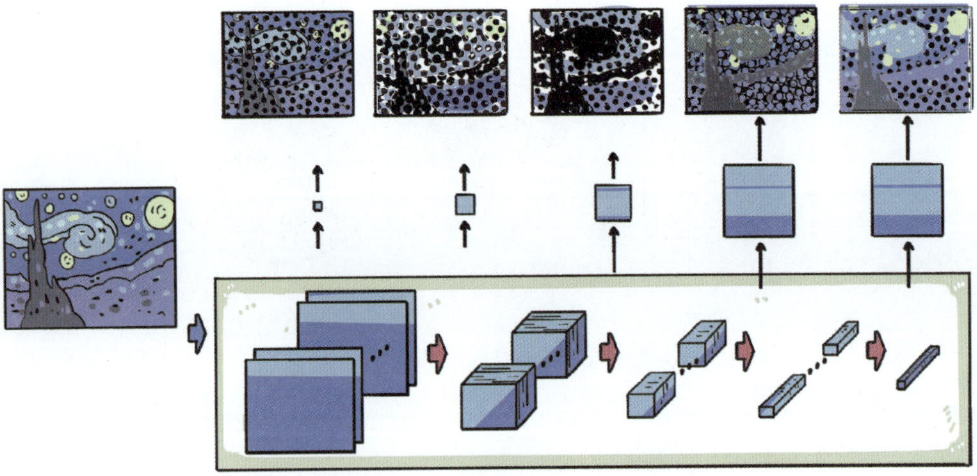

深度学习示意图

如果把**“多层神经网络”**比喻成一口井，那么每一层感知器就是井中的一层砖，砖的层数越多就意味着井越深，同理，神经网络的层数越多，意味着深度学习的程度越深。

还是以“小花猫”的图像为例。深度学习的神经网络在识别“小花猫”图像时，每层感知器对图像进行不同的分析。比如，第一层专注于形状和边缘，第二层专注于毛发或斑点，第三层专注于具体品种……

总之，每一层都可以从数据中提取不同的特征。

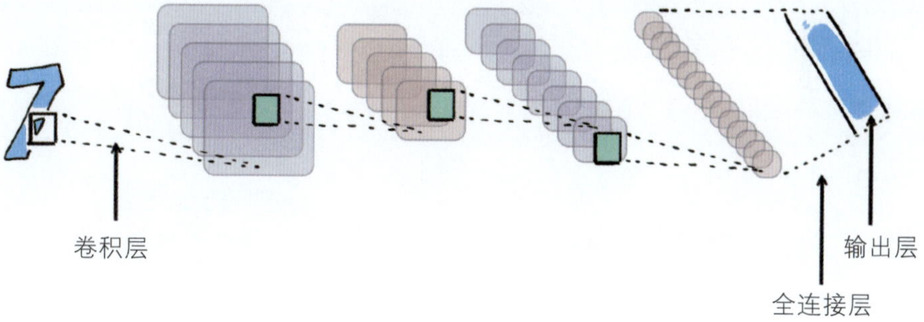

多层神经网络示意图

一开始，神经网络并不“认识”小花猫，我们可以使用大量不同的小花猫图像去训练它。

神经网络通过学习，逐渐修正感知器的层数和权重，最终构建出非常精妙的模型，达到很高的**图像识别**能力。

让人感到不安甚至恐惧的是，深度学习的运作像一个不透明的黑箱子，感知器层数和权重是如何调整的，人们无从知晓。

深度学习很快在图像识别领域大放异彩。

2009 年，斯坦福大学的**李飞飞**教授等学者，发起建立了一个超大型的**图像数据库**，并从 2010 年开始，每年都举行**图像识别**国际竞赛。

在 2012 年的图像识别国际竞赛上，辛顿团队以绝对领先的成绩拔得头筹。在此之前，图像识别的错误率普遍在 26% 以上，而辛顿的深度学习系统，把错误率大幅降到了 15%。

可以说，深度学习是近 30 年来人工智能领域最具突破性的发明，它引领人工智能进入了第三次发展高潮。

深度学习会用到大量的**图形处理器（GPU）**芯片，这些芯片被称为是模拟神经网络的完美硬件。目前最新的图形处理器，单个芯片上已经超过了 2 000 亿个晶体管！

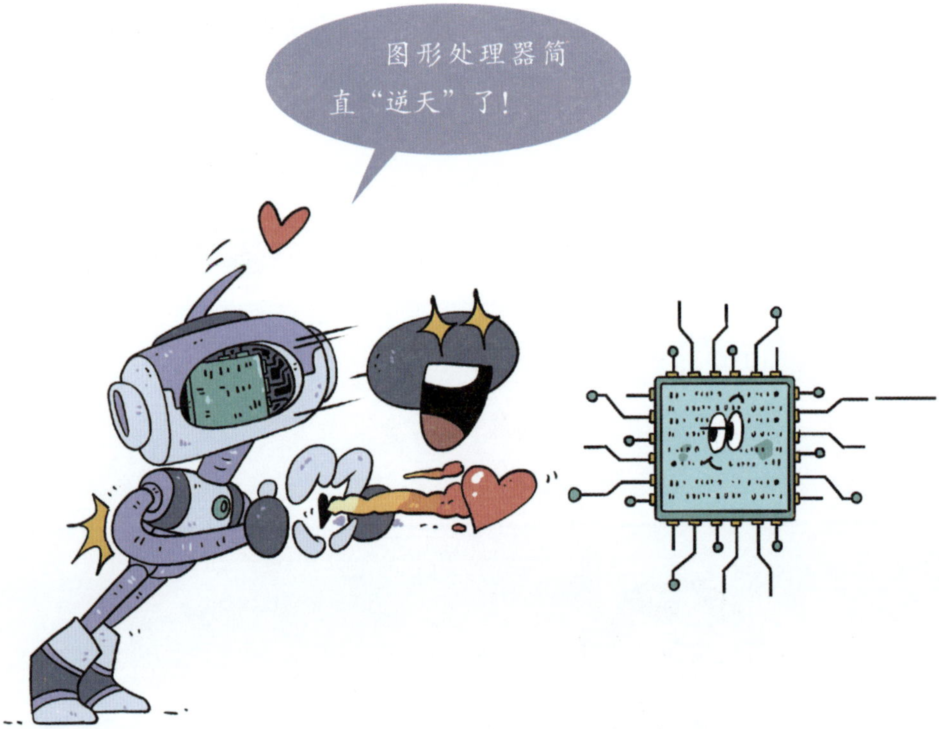

除了深度学习，科学家们还陆续开发出了多种**虚拟神经网络**模型，每种模型都各有所长，有擅长图像识别的，有擅长自然语言处理的……

以**卷积神经网络（CNN）**为例，通常由多个卷积层、池化层和全连接层组成。**卷积层**负责提取图像中的局部特征，**池化层**用来大幅降低参数的数量，**全连接层**类似传统神经网络的部分，负责将前面的层次提取的特征进行整合，并生成最终的输出结果。

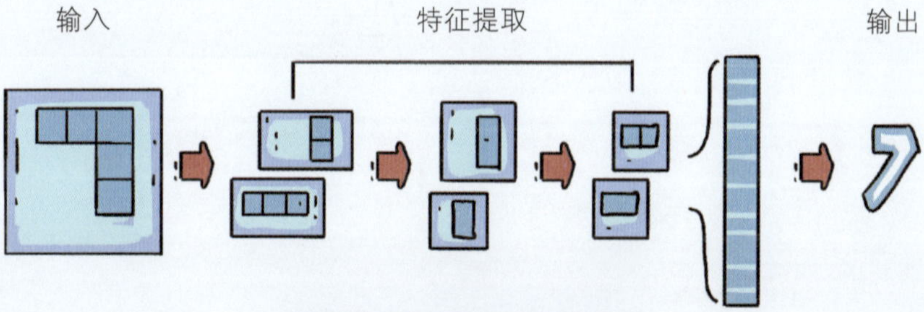

卷积神经网络示意图

虚拟神经网络的长足进步，使得人工智能在处理某些复杂任务方面开始游刃有余，如图像识别、自然语言处理、语音识别等。

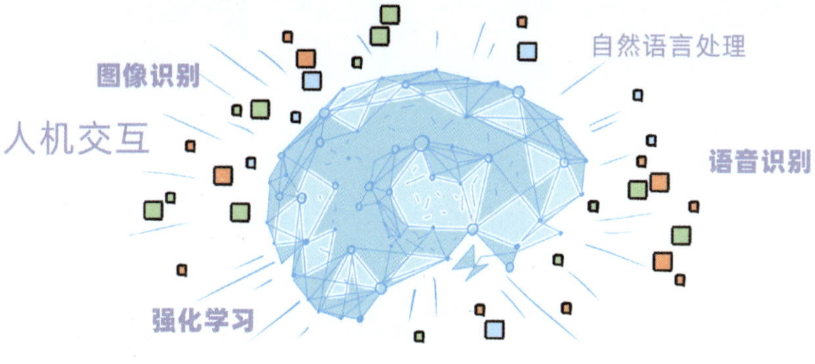

虚拟神经网络促进了 AI 发展

超强的机器学习能力

土耳其行棋傀儡

1769 年，发明家**沃尔夫冈 · 冯 · 肯佩伦**准备造一台自动下棋（国际象棋）的机器。一年后，这台机器在奥地利女大公面前进行了展示，结果名声大噪。

这台自动下棋的装置后面坐着一个土耳其装束的木头人，因此被起名叫**“土耳其人”**。

1809 年，它还与拿破仑对弈了一局，结果“土耳其人”居然战胜了拿破仑。

“土耳其人”在欧洲巡演了几十年，最后被人发现原来是个假货：那个装置里面藏着个大活人，而且是下棋高手！

下棋一直是人们喜爱的益智游戏，自然也成了人工智能的攻克方向。

图灵早在二战时期就研究过计算机下棋，可惜当时计算机稀少，机时更宝贵，图灵没能如愿。1951 年，图灵的一位朋友编写了一款跳棋程序，图灵还与它对弈了一局，结果轻松取胜。

1956 年，**塞缪尔**（达特茅斯会议的参会者之一），写了第二个跳棋程序，这款程序的特点是具备自学能力，因此，它是最早的机器学习程序之一。后来，它被不断改进，还赢过盲人跳棋大师。

20世纪80年代末，加拿大的计算机教授**谢弗**带领团队开发了一款叫**奇努克**的跳棋程序，号称世界最强。1992年，它迎战人类跳棋冠军、数学家**马里恩·廷斯利**，虽然最后总比分落败了，但毕竟赢了廷斯利几局。这已是非常优秀的战绩了，因为当时廷斯利没有输给过任何棋手。

廷斯利去世后，奇努克便打败天下无敌手了。

谢弗毕竟是科学家，他继续研究着跳棋的理论，终于在2007年证明，奇努克完全破解了跳棋规则，不会输，就算对手不犯错招，双方也只能和棋。

廷斯利，英国跳棋棋王

1966 年，美国和苏联开展了一次计算机下棋比赛（国际象棋），他们通过电报的方式走了 4 局，结果苏联以 3:1 战胜了美国。

1971 年，这个获胜的苏联小组改进了他们的程序，起名叫**象棋女神**。象棋女神和传奇的象棋大师斯帕斯基赛了两局，一负一和，这个战绩惊动了国际象棋界。

象棋女神

20 世纪 80 年代，“贝尔”成为第一个取得“大师”称号的计算机棋手。发明**贝尔**的科学家是贝尔实验室赫赫有名的**汤普森**。

汤普森最杰出的成就是发明了 **UNIX 操作系统**和 **C 语言**，直到现在，苹果公司的操作系统和安卓手机操作系统中都还有 UNIX 的身影。

20 世纪 80 年代中期，来自中国台湾的**许峰雄**和几个研究生利用业余时间，开发了一款国际象棋软件，改进后的版本叫**“深思”**。

1989 年，“深思”取得了很好的战绩，并成为第一个赢了国际象棋特级大师的机器棋手。这引起了国际商业机器公司的注意，于是劝说“深思”团队成员毕业后加入他们，开发下棋机。

国际商业机器公司的外号叫“Big Blue”，于是下棋机项目被命名为**“深蓝”**。

在这之前，国际象棋的世界冠军是特级大师**加里·卡斯帕罗夫**，他曾多次和机器交手，并得出结论：机器下棋没有洞见。

卡斯帕罗夫在世界棋坛上享有盛誉，保持**“世界棋王”**头衔长达21年。

卡斯帕罗夫，前国际象棋世界冠军

他曾经有一项傲人的战绩：他一人对抗来自全世界75个国家的5万名国际象棋高手。也就是说，下棋的一方只有一人，而另一方则有5万人！

5万人可以自由讨论，然后投票决定下一步的走法。经过4个月的拉锯战，5万人竟然弃权认输了，卡斯帕罗夫最终获胜！

1996 年，“深蓝”对决卡斯帕罗夫，共对弈 6 局。**“深蓝”**旗开得胜，赢了第一局，不过最后还是卡斯帕罗夫以 4:2 的比分获胜。但这次卡斯帕罗夫对“深蓝”刮目相看，认为机器不仅有了“洞见”，而且有几步棋简直像“上帝走的”。

“深蓝”与卡斯帕罗夫相约来年再战。

1997 年，**卡斯帕罗夫**赢了第一局，但随后局面被“深蓝”控制。“深蓝”最终获得胜利，成为第一个战胜国际象棋世界冠军的机器。

赛后，卡斯帕罗夫总结，“深蓝”情绪稳定，不惧怕对手施加的压力。另外，它经常放弃短期利益，表现得像人类一样深思熟虑。

你听说过**“阿尔法狗”**吗？

2016 年，它以压倒性的优势战胜了人类最顶尖的围棋选手，掀起了新一波人工智能发展高潮。

在此之前，它的师兄**“深蓝”**击败人类国际象棋世界冠军，引发的轰动远不及“阿尔法狗”。

围棋的棋子多，被公认为是人类最难的棋类运动，即便“深蓝”赢得了国际象棋的胜利，仍然有很多人不相信人工智能会在围棋上战胜人类。

另一方面，在棋类运动上，围棋也是人类保住尊严的最后一个“堡垒”了。因此，**人机围棋大战**的概念本身，就吸引了全世界的目光。

围棋棋手根据水平高低分为一段到九段，**九段**为最高水平。**李世石**是位棋坛怪才，2000年，他就连续夺得多项比赛冠军，职业比赛更是获得32连胜，并荣获最优秀棋士奖。可是他当时的围棋段位才只有三段，原因是他拒绝参加“考级”一样的升段比赛。

李世石，韩国棋坛怪才

不能老让这位三段棋手力压九段棋手啊，以后这九段棋手的脸面何存呢？

于是，**韩国棋院**因为**李世石**一人，破天荒地改了升段的规矩：凡得国内比赛的亚军可升一段，冠军可升两段，世界冠军可升三段。结果就在升段新规定出来不久，李世石便两夺世界冠军，在三个月内从三段直升至九段！

韩国棋院的一位官员无奈地表示：赶快把李世石升到九段吧，省得他在段位赛中“捣乱”。

2016年3月，李世石与谷歌人工智能程序“阿尔法狗”进行**人机围棋大战**，“阿尔法狗”以总比分4:1获得比赛胜利。这是人工智能的一次重大突破，具有标志性意义。

不仅如此，“阿尔法狗”在战胜李世石后，又在网上与中、日、韩等国的数十位棋手比赛，连胜60局！

2017 年，“阿尔法狗”又以 3:0 战胜了围棋世界冠军——中国棋手**柯洁**。

至此，人工智能超越人类，彻底夺取了棋类智力游戏的最高峰。

“阿尔法狗”到底有什么过人之处呢？它能够自己学习！

在出战之前，“阿尔法狗”通过**深度学习**，学习了人类 16 万场棋局的棋谱！在不断调整各个感知器的参数之后，它可以模仿人类专业棋手的风格下棋。这个学习过程，将它培养成了一名训练有素的棋手，但仅这样它还不具备打败顶尖高手的能力。

要想成为绝世高手，必须有绝世武学！

“秘籍”之一，是“左右手互搏”术，就是自己跟自己下棋。

普通人一天最多能下十几盘棋，而“阿尔法狗”一天可以自我对弈3万局！这让它自己产生了新的训练数据，而不是来自人类棋手了。

“秘籍”之二，是“强化学习”方法，就是每下一步棋，都要评估这步棋是好是坏。

一步棋不仅影响当前的棋面，还会影响后面每一步棋的棋面，“阿尔法狗”就是要计算这种累积的影响和回报。它根据计算回报率的大小来确定哪些下法可以得到更高的回报，进而强化这些下法，这就是**强化学习**。

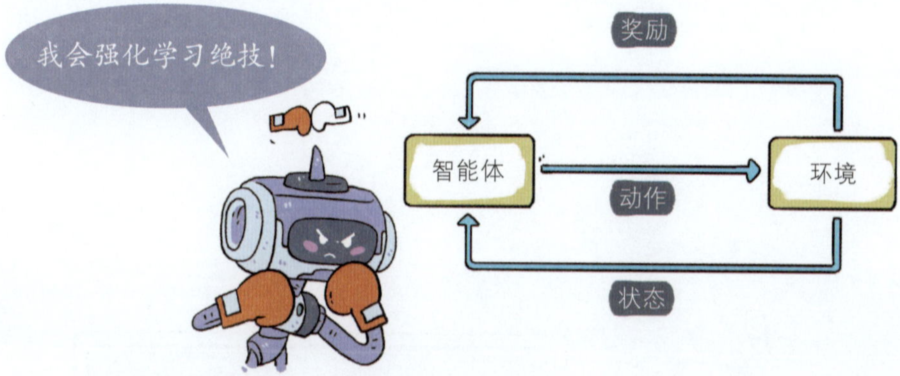

此前的人工智能，都是科研人员针对某项技能，先研究好方法和程序，将其转化为机器能够理解和执行的本领。

而具备强化学习能力的“阿尔法狗”，可以通过自我对弈来提升棋力，因此，它的进步完全摆脱了对人类棋谱的依赖。

强化学习是一种**自主的学习**，它发掘了人工智能极其巨大的潜力。

“阿尔法狗”不是终点，它还在不断地自我升级，升级后的“阿尔法狗”被称为**“阿尔法元”**。

当“阿尔法元”与“阿尔法狗”下棋的时候，更加令人震惊的一幕出现了，比分竟然是100:0！

面对如此强大的人工智能，人类的顶尖棋手已经完全不在一个档次了，怎么可能不输？

这么厉害的强化学习算法从何而来呢?

20 世纪 80 年代，美国计算机科学家**安德鲁·巴托**在麻省大学任教，主讲神经网络。然而，他招收的第一个博士生居然是学心理学的，叫**理查德·萨顿**。

师徒二人对人是如何适应环境的研究方向很感兴趣。比如，一个刚出生的孩子，是怎么学会适应环境的呢?婴儿一开始并不知道自己需要学习什么，他(她)只是在与外部世界的交流互动中，感受奖励或处罚的刺激，从而不断强化对外部世界的认知。

受此启发，巴托和萨顿提出了强化学习模型。

智能机器会在没有任何指导的情况下尝试“动作”，向“环境”学习，得到一个结果，再由**“解释程序”**判断学习结果的对错。

如果结果正确，则“解释程序”给予**“奖励”**反馈；如果结果错误，则调整**“状态”**参数，重新“动作”。通过不断循环调整，最终“自学成才”。

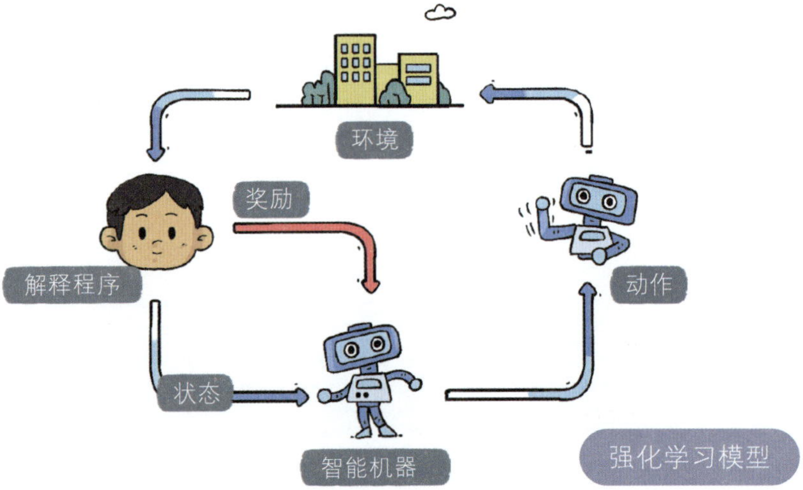

强化学习算法更接近人类“模糊判断”的思维模式，它使得计算机能够完全通过自主学习掌握一项技能。

强化学习算法包括“抬头看路”（探索）和“低头拉车”（苦干）两个方面。探索就是看看还有没有别的选择，而苦干则是专注于当前的选择。

在强化学习算法中，有一个**学习率**的调节系数。学习率越小，用于探索的时间就越少，那么大部分时间是在苦干。这就像我们的人生，少部分时间在思考理想，大部分时间在努力学习和工作。

强化学习是机器学习的一个分支，作为“阿尔法狗”的核心算法，不仅得到了验证，而且大放异彩。

从“阿尔法狗”到升级版“阿尔法元”，人工智能在棋类比赛中一下子就“武功盖世”了。人工智能会不会很快就在各方面取代、打压人类了呢?

不必多虑!深度学习是以大量数据驱动的方式解决复杂问题的，实际上使用的还是**“蛮力”**。

而强化学习对数据更加“饥渴”，需要更多的数据供其“自学”，这就极大地限制了它的应用领域。

人工智能在大数据分析、高等数学运算等计算领域展现出了卓越的能力。不过人工智能也有弱点，比如在区分小猫和小狗、看图说话等简单问题上，还不如幼儿园小朋友呢。

应对复杂问题的能手

周末，爸爸妈妈带我们出去玩，是开车快还是坐公共交通快？于是，爸爸在**手机导航软件**系统中输入了**语音指令**，很快，手机导航就给出了智能化的导航服务。它可以根据不同的出行方式，帮我们规划出最优路线，还能预测出到达目的地的时间呢！

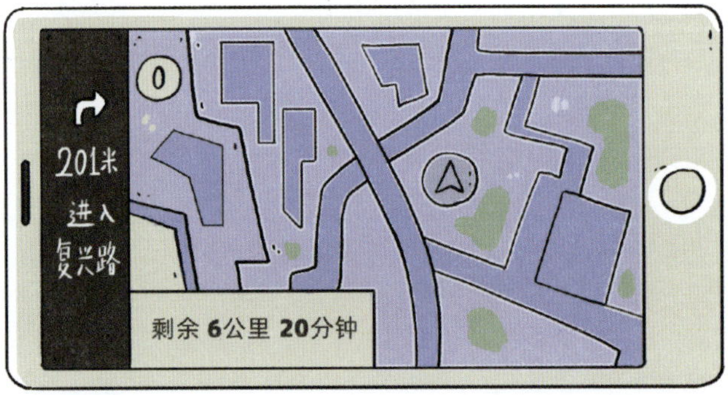

神奇的是，当我们按照导航的出行方案抵达目的地的时候，时间与开始预测的竟然相差无几，比“神算子”还准。这么复杂的路线和路况，它是怎么做到提前预知的呢？

手机导航的路径规划是通过结合地图数据、实时交通信息和算法来实现的，它可以实现高效、准确的路径规划，帮助我们避开拥堵路段、节省时间。

导航应用软件中包含预先获取的**地图数据**，包括道路信息、道路类型、交叉口位置、车道信息等。

我们在使用手机导航的时候，先要输入起点和终点，以及希望使用的交通工具等信息。导航应用软件就会通过网络和其他信息来源，获取实时的交通信息，包括道路拥堵、事故、施工等情况。

根据实时的交通信息，导航软件会使用**路径规划算法**来计算最佳的行车路线。它要考虑很多因素，包括最短时间、最短距离、最少转弯、避开拥堵等。经过极复杂又极快速的运算后，导航软件会为我们选择最佳的行车路线，并提供实时的导航指引，包括语音提示、转向指示、道路标志等，帮助我们顺利到达目的地。

除了导航软件外，我们日常使用的打车软件，其运行程序更为复杂。

比如，一款打车软件可以在上亿的用户和上千万的司机中实现有效快速的匹配，其匹配的依据是双方的时间、地点、路线、状态等，计算非常复杂，计算量非常大。

打车软件的神奇之处不仅在呼叫用车上，更在于它的实时性上。司机一旦接单，我们的手机上就会显示他（她）的实时位置，以及能够抵达接车位置的时间，时间的误差往往只在分钟之内！

一名再能干的医生，一次也只能看一名患者，一天接待病人的数量也是极其有限的。社会迫切需要一种低成本、高效率和高精度的治疗方法。人工智能在医疗领域也有巨大的发展空间。

读过海量棋谱的“阿尔法狗”，最终修炼成了围棋高手。如果**人工智能**学习的是病历，又会出现什么结果呢？

棋谱记录了对弈双方思考和对抗的过程，而病历记录的是医生和疾病的对抗过程。人工智能未必要战胜所有的疾病，它只要表现得比医生更好、更稳定，就有着巨大的应用价值。

目前，人类大约有几千种**常见疾病**和几万种**常见药品**，人工智能要做的就是诊断病症和快速匹配。

国际商业机器公司开发的人工智能医生**沃森**，在完成了电视比赛之后，又学习了治疗癌症的病例。它记住了超过 300 份的医学期刊、200 余种教科书以及 1 500 多万页的诊断资料，可以为癌症患者提供精准诊疗。

自 2016 年开始，“沃森智能肿瘤专家”已经分别在浙江和天津的医院落地，给中国的医生和患者带来了福音。

2012 年，南京发生了一起抢劫案，一名歹徒枪击了从银行取钱出来的男子，并抢走了 20 万现金。

南京警方立即展开全城搜捕行动，调取了全市各街道和路口的**监控视频**，并复制到硬盘中，分发给上千名警察。

每名警察面前一台电脑，他们夜以继日地盯着屏幕，仔细地在画面中搜索着歹徒的身影，不敢错过每一帧画面。眼睛疲劳了，只好滴几滴眼药水接着再看。旧的视频没看完，新的视频又源源不断地送了过来。这样忙碌了几天，歹徒没找到，南京的眼药水倒是先卖光了！

要是在今天，找到这个歹徒还需要这么费劲吗？答案是完全不用。人工智能的人脸识别技术，能让警察“分分钟”找到他！

小朋友在班级的合影里，很容易就能找到自己，原因是每个同学的脸都是不一样的。目前，地球上有 80 多亿人口，却没有两张完全相同的脸，这正是**人脸识别**的意义所在。

然而，要在成千上万张陌生的人脸当中认出一个人，是极为困难的。

深度学习问世后，在图像识别领域得到了广泛应用。

图像识别相当于让机器长出了眼睛，它不仅让机器能“看见”，还能“看懂”这个世界。

例如，人工智能可以提取人脸上的 128 个特征点，包括眼睛的距离、眉毛的轮廓、鼻子的长度、下巴的弧度，等等。接下来，给人工智能提供一些照片，训练它的深度学习算法。

算法会调整感知器的全部参数，使得生成的函数不断接近这 128 个特征点。对于同一个人的不同照片，这些**函数**的数值会非常接近，此时，人工智能就可以判定它们是同一张脸。

深度学习就是通过不断调整参数，最终完成模型训练的。它把人脸的每一个部位的特征找出来，然后不断叠加、验证，从而提高识别的准确率。

在训练算法的时候，如果我们告诉算法这些数据是同一张脸，即标记为同一个人，这就叫**监督学习**；如果不做人工标记，而是让算法自己去找规律，这就是**无监督学习**。

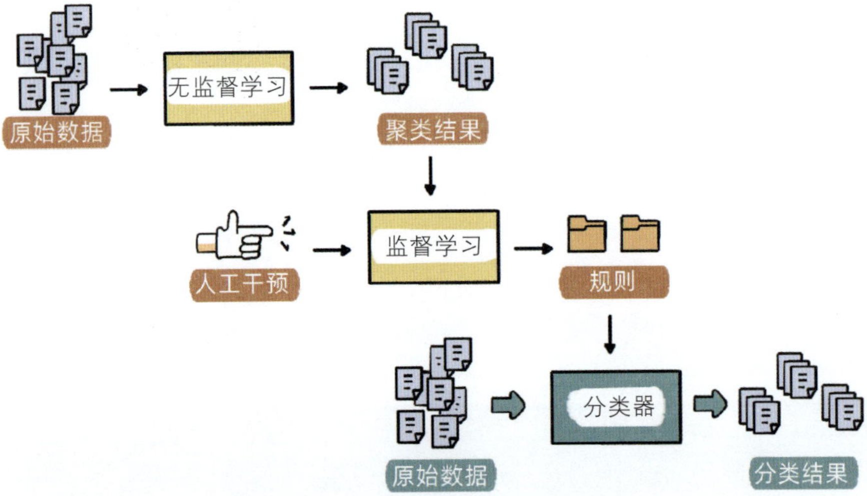

无监督学习和监督学习的区别

监督学习的速度更快，而无监督学习则需要提供大量的数据，也就是大数据的支持。

我们在假期出游时，经常会用到**人脸识别技术**，比如，进入高铁站时，需要人脸识别检票；很多旅游景点，也可以通过人脸识别快速地验票入场。

大人们在购物时，除了可以扫码支付、银行卡支付外，还可以选择**刷脸支付**，即通过人脸识别技术先进行身份验证，然后进行支付。

人脸识别具有快速、准确、卫生、安全的特点，这就是人工智能给我们生活带来的极大便利！

人类获得的外部信息，几乎 70% 靠眼睛，20% 靠耳朵，因此，小朋友要保护好自己的眼睛和耳朵，“耳聪目明”才能让我们更好地感知这个世界。

图像识别技术让人工智能长出了“眼睛”，意义非常重大。那么人工智能可以长出“耳朵”吗？当然可以！这就是让人工智能更聪明的另一个办法——**语音识别技术**。

图像识别让机器看得见、看得懂，而语音识别则让机器听得见、听得懂。

阿里巴巴是一家大型的**电商公司**，客户众多。据说在2015年的时候，该公司就有5亿多用户，平均每天需要处理20万个客服电话，因此，光接电话就需要差不多2 000人。这是一个多么庞大的工作量！

随着用户数量的再增加，电话客服的人数势必也会同比例增加，这不仅需要极大的人力和财力投入，还很难保证服务质量。

这就提出了一个现实需求，这些客服电话可以由人工智能来处理吗？

完全可能！目前的语音识别技术已经足够成熟，大部分的客服任务应该都能胜任了。

人与计算机之间交流与互动的技术，简称**人机交互**技术。

最早的人机交互工具是**键盘**和**显示器**，人们通过键盘向计算机输入指令，计算机将计算的结果输出到显示器上。

后来，鼠标以及“视窗”这样的图形界面被发明出来，大大提高了人机交互的效率。

可是人机交互仍长久地停留在**二维的屏幕**上，输入和反馈的信息量都非常有限，也不便于读取。因此，机器人难以自如地与人进行交流和互动。

直到 2009 年，一款叫 **“Siri”** 的语音识别软件被首先安装在了手机上，迅速引起轰动。人机终于实现了直接的语言交流，这是人机交互技术的重大突破！

随后，中国的“百度度秘”和“科大讯飞”在**语音识别**技术上也走在了世界前列。

语音识别技术是一种将人类语音信息转换为计算机可读的文本或命令的技术，过程非常复杂。这项了不起的技术是如何实现的呢？

语音识别技术通常包括以下步骤。

信号采集： 通过麦克风等设备将人类语音信息转换为音频信号。

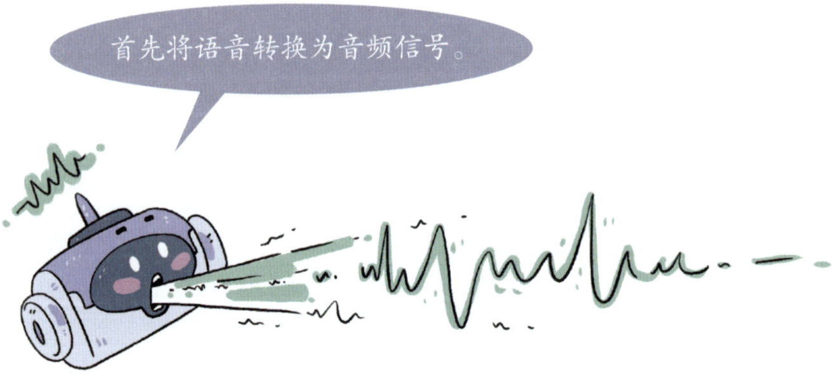

预处理：对音频信号进行清洁和标准化，包括降噪、消除回声等，以提高后续处理的准确性。

特征提取：从音频信号中提取出有用的特征，如声音频率、声音强度等，用于识别。

语音识别：使用机器学习和统计模型等算法，将提取的特征与已知的语音模式进行比对，以识别出对应的文本或命令。

后处理：对识别结果进行解码，消除错误、提高识别准确率。

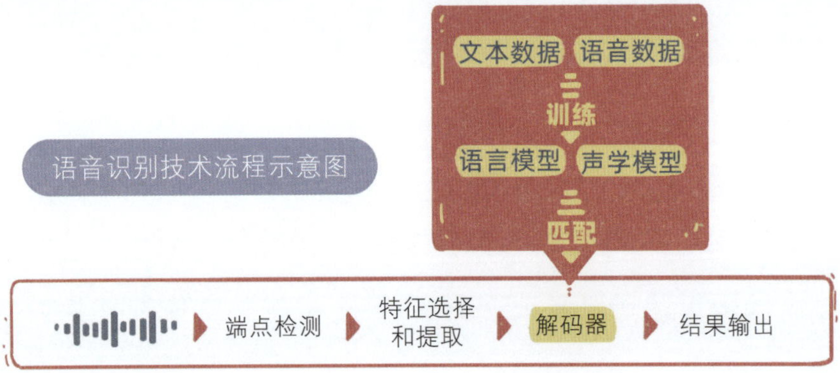

语音识别技术的发展受益于**深度学习**的进步，特别是使用深度神经网络的**“端到端语音识别模型”**，这使语音识别的准确性得到显著提升。

深度神经网络的“端到端语音识别模型”

语音识别技术让人工智能的机器长出了“耳朵”和“嘴巴”，“能听会说”的服务型机器人开始出现在很多场合。用语言进行人机交互的应用场景也越来越广泛，比如，手机语音助手、智能音响、智能家居、智能酒店，等等。其中，**智能语音客服**当然也在其中了。

可是，很多时候，语音识别的表现还是有些生硬。如果我们问些复杂的句子，它们的回答就有些词不达意了。

正因如此，人工智能一度被人们嘲笑为“人工智障”。

这是为什么呢？原来，可以进行语音识别的人工智能看起来很“智能”，实际上大都只是在答案库中选择答案而已，这些答案早就编写好了。它们“理解”了用户话语的意思后，在**答案库**中调取相应的答案，再翻译成“自然语言”播报给用户。因此，它们只能按照字面意思给出机械的回答，无法将上下文连贯起来理解，形成善解人意的对话。

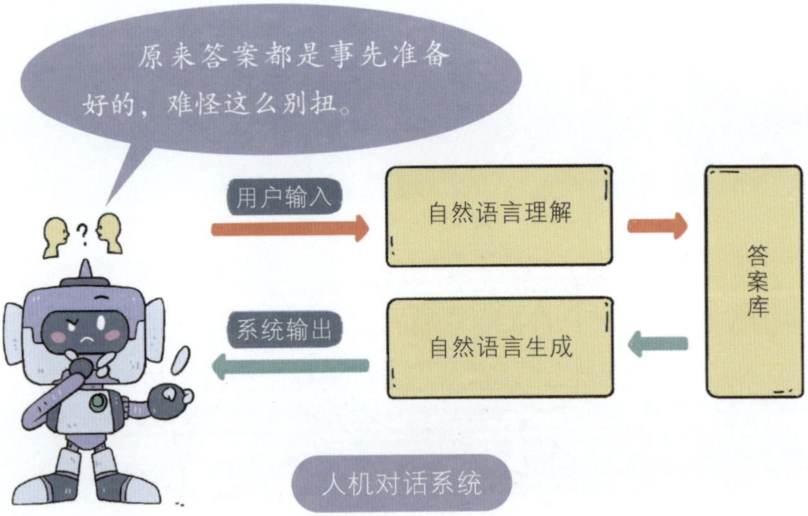

在人口众多的大城市，每天都有数以万计的人员和车辆在流动，特别是在上下班高峰期，交通更加拥堵不堪。严重的交通拥堵问题，长期困扰着出行的人们，因此，交通拥堵问题被称为是一种**“大城市病”**。

参与交通的车辆、行人、道路、交通信号等因素，彼此影响着，多个因素的相互作用，使得拥堵往往难以准确预测。天气变化、道路损坏、交通事故等偶然事件的发生，就会引发**交通堵塞**，甚至一辆车的减速也会引起后面车辆的连锁反应。

你发现交通拥堵问题的特点了吗？它受很多因素影响，很难找到规律、数据规模庞大、时刻都在发生变化……

具有以上这些特点的问题又被称为**“复杂系统”**。

那我们看看人工智能是怎么缓解交通拥堵这个“死结”的吧。

人工智能可以分析历史交通数据、天气信息等因素，预测未来的交通流量；调整交通信号灯的时长，以最大限度减少车辆的等待时间。

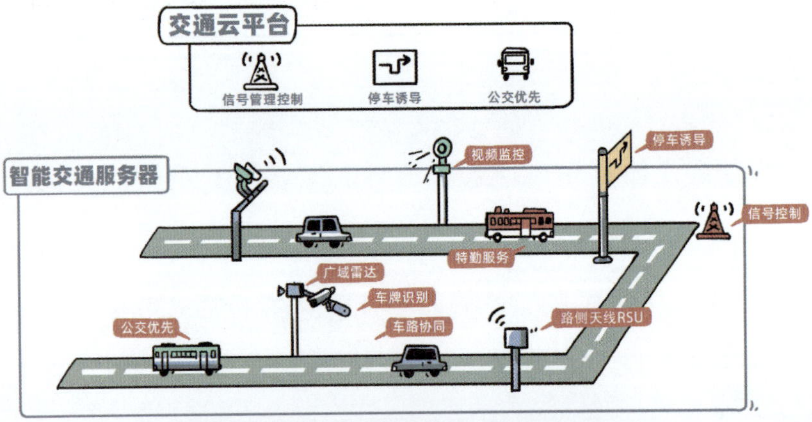

缓解交通拥堵的智能交通指挥系统

人工智能还可以监控交通流量、分析交通事故，并根据需要调配交通资源；根据交通状况，指导驾驶员选择最优路线。

除了**交通拥堵**外，**环境保护**、**生态平衡**等问题，也都属于复杂系统。像这类令人头疼的问题，人工智能都有办法解决吗？

没问题，人工智能是应对复杂系统的能手！

比如，智能化环境监测利用先进的传感技术，不间断地测量温度、湿度、空气质量、光照、声音、气体浓度、水质等**环境数据**，分别传输到中央数据存储或云平台上。这些庞大的监测数据再经过人工智能算法进行处理，及时发出环境警报，给出环境改善建议等。

智能化环境监测系统

知识延展：奇点

奇点一词在不同的领域中有不同的含义，广义上表示事物或情况的转折点或临界点，即将引发巨大的变化或者不确定性。比如，数学中**“未定义的点”**叫奇点；天文学中，**宇宙大爆炸的起点**，或者**黑洞的中心**，也叫奇点。

天文学上的奇点

在人工智能领域，奇点是指通用人工智能（AGI）的机器达到或超越了人类智能水平的时刻。这一时刻可能会引发许多重大的挑战和机遇，导致科技、社会、经济等方面发生深刻变化，因此也是人们长期关注和研究的焦点之一。

20 世纪 80 年代，美国科幻作家**弗诺·文奇**发明了奇点一词。他在科幻小说大会上发表了一篇题为《即将到来的技术奇点：如何在后人类时代生存下去》的文章。这里的奇点，是指未来的一个假设点，在这个假设点上，技术进步以指数级的速度加速，导致人类文明突然发生深刻的变化。

文奇，美国科幻作家

奇点时刻到来时，通用人工智能（AGI）将具备自我意识，开始自主学习和自主行动，这将促使技术进步加速，并创造出远比人类更聪明的机器。届时，一台机器可能比所有人类加起来还要聪明！

因此，奇点到来的好处是显而易见的，它能帮助人类解决很多复杂问题，如全球变暖、疾病和贫困等，还可以提高生活水平、延长人类寿命等。

然而，人们对奇点的到来也深感担忧。

通用人工智能的发展，会创造出极为智能和强大的机器，可能对人类的生存构成威胁。比如，智能机器将全方位取代人类工作，导致大规模失业和经济混乱，或者智能机器采取伤害人类，甚至毁灭人类的行动。

超酷的自动驾驶汽车与人形机器人

人工智能在“阿尔法狗”上的表现，让人们惊叹不已，此后，人工智能的发展进入快车道，新的应用像雨后春笋一样在不同的领域生长起来。

其中，**自动驾驶汽车**和**人形机器人**的发展最为引人关注，可能是因为它们更贴近我们的日常生活吧。

自动驾驶汽车和人形机器人

统而言之，自动驾驶汽车和人形机器人都算机器人，只不过前者是车的形状而后者是人的形状罢了。它们有共同点，也有不同点：共同点是都需要具备强大的**图像识别**和**语音识别**能力；不同点在于，前者专注于驾驶及其相关的专业技能，而后者则需要更多的通用智能和手部动作。

过去几年，人工智能在**深度学习**和**强化学习**方面的突破，催生出了一个非常复杂而尖端的领域——**自动驾驶**。

随着社会不断发展，生活节奏加快，人们掌握驾驶技能已成为生活中必备的基本技能。但是，人们在学车时需要耗费很多精力和时间，开车时更要全神贯注，面对复杂的路况，稍有疏忽就可能酿成事故。

研究表明，90% 的交通事故都是人为因素造成的，比如新手司机技术不熟练、司机情绪不佳、疲劳驾驶、醉酒驾车等这些“马路杀手”。

驾驶汽车不光复杂费神，还具有一定的危险性，人工智能真的能够自主完成吗？当然可以，这正是自动驾驶技术所追求的呢！

自动驾驶涉及多个关键技术的集成和协同：

首先，自动驾驶车辆需要能够感知周围的环境，包括道路、障碍物、行人、交通信号等。看看遍布车顶和四周的各种**传感器**，你能分辨激光雷达、摄像头、毫米波雷达、超声波传感器吗？

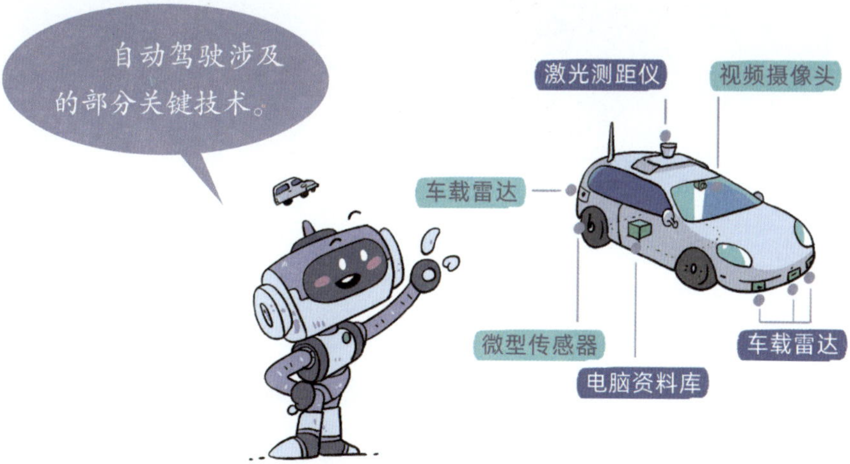

其次，自动驾驶车辆需要通过卫星导航系统对车辆进行精确定位，同时结合地图数据进行合理的路径规划。

然后，自动驾驶车辆需要作出实时决策，包括调整路径、控制车速、变换车道、躲避障碍等，在车辆作出这些动作时，还要保证车辆安全、平稳地行驶，这需要机器有强大的学习能力呢！

最后，自动驾驶车辆还具备强大的人机交互功能，包括图像、声音、手势等多种交互手段，以便于乘客实时监控车辆，确保驾驶过程中的安全。

手势识别交互

自动驾驶车辆还要能随时与外界环境互动，即与周边车辆、行人、交通信号灯以及互联网的信息交互。这项技术又叫**车联网技术**。

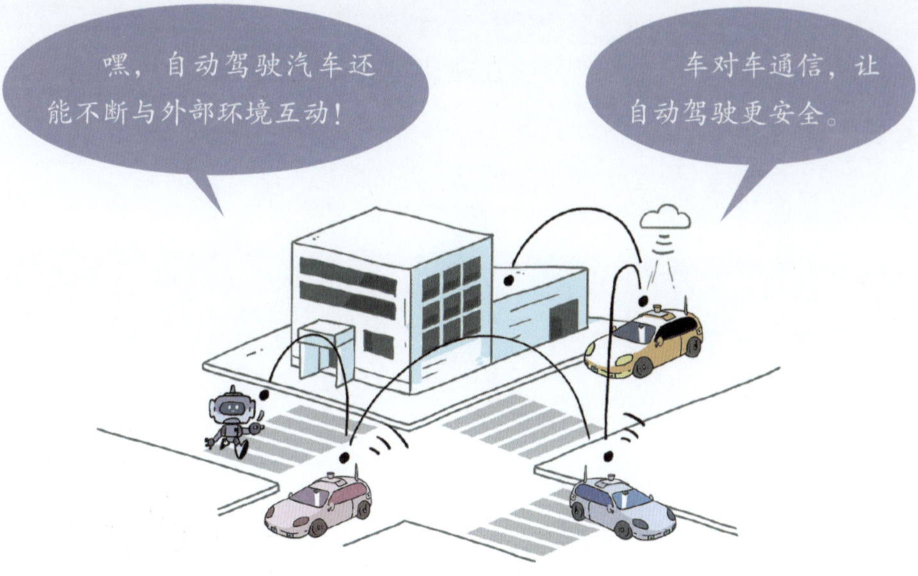

比如，当遇到恶劣天气、突然出现的障碍物等复杂状况，或自动驾驶系统失灵时，**车对车通信**就显得尤为重要了。它有助于自动驾驶车辆获得及时援助，避免事故的发生。

刮风的时候，小朋友要是躲在妈妈的身后，是不是感觉风力马上就减小了？同样的道理，高速路上自动驾驶的货车要是排成一个紧密的车队，第一辆车需要用力“破风”，而跟在后面的货车就能节约很多能耗和成本。

2018 年，沃尔沃汽车公司在瑞典进行了**无人卡车**的空开测试。总共 3 辆卡车，只有一名司机坐在头车上，它们自动起步，所有动作都由智能系统规划并操作完成。测试结果显示，整个车队比平时节约了 25% 的燃油。

因此，近年来，**自动驾驶货车**产业得到了迅猛发展。

无人驾驶汽车除了依赖卫星导航，还需要提前准备好地图数据。这些地图数据都必须到现场测绘，因此需要大量的工程师驾车在所有的道路上收集数据，然后汇总起来，形成一个详尽的**立体地图**。

导航地图测绘车

无人驾驶汽车上路后，它先要通过自身的**摄像头**和**传感器**“看到”周边环境，然后与系统内的立体地图对比，以确认自己的准确位置。其实这还是照着地图找路的“笨办法”，只是把人换成了机器。

那么，无人驾驶汽车遇到道路变更，或者来到一个陌生的地方，岂不是没法开了？

你先别着急，有人想出了好办法！

沃尔沃汽车公司提出了**公路列车**的新理论，他们认为公路上一辆接一辆行进的汽车，就像是由一节节车厢组成的一列长长的火车。火车只需要一个车头，因此，公路上的汽车也只需要一个“车头”，其他车辆可以跟着头车走。

也就是说，只要有一辆车“认路”，其他车辆把它当成头车跟着走就行了。

公路列车新理论

按照这个思路，2012 年，沃尔沃汽车公司组织了一支拥有 5 辆车的车队，只有头车有人驾驶，其他车辆在没有地图参考的情况下无人驾驶，它们顺利完成了 200 千米的测试。

根据人类参与驾驶的程度，**自动驾驶辅助系统**可分为六个等级：

L0 级（完全人类驾驶），车辆没有配备自动驾驶功能，驾驶员负有全部驾驶责任；

L1 级（辅助驾驶），车辆配备了辅助性的自动驾驶功能，驾驶员需要始终保持对车辆的控制；

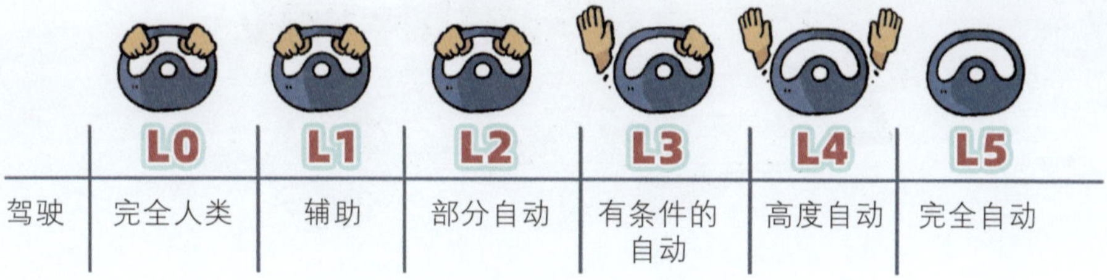

自动驾驶的六个等级

L2 级（部分自动驾驶），车辆具备更高级的自动驾驶功能，驾驶员需要**监控车辆**并准备介入；

L3（有条件的自动驾驶），车辆可以在特定条件下（如高速公路驾驶）自主执行驾驶任务，但仍需要驾驶员的监管；

L4（高度自动驾驶），车辆可以在特定条件下（如城市驾驶或固定路线）完全自主执行驾驶任务，驾驶员仍然需要在接到车辆通知后介入；

L5（完全自动驾驶），车辆完全自主，不需要驾驶员介入。

目前，市面上配备了L3级自动驾驶辅助系统的汽车数量正在增加，但仍然有限。可喜的是，中国华为汽车的自动驾驶辅助系统，已经达到了L4级水平，即具备高度自动驾驶的能力，这是当前全球最先进的自动驾驶技术之一。

近年来，**人形机器人**一再引发热议，成为科技新闻的亮点。

2024 年，来自中国、美国等国家的多家公司相继展示了他们最新开发的人形机器人。这些机器人融入了最尖端的技术，展现了在人工智能、机械工程和人机交互等领域的最新进展。不同于以往，这些新型人形机器人不仅具备精确的运动能力，还能够模拟人类的情感和反应，展现出更为智能的交互体验。

早期的机器人主要被用于工业领域，长得仅像人的手臂，而且是安装在固定的基座上使用的。

直到 20 世纪 80 年代，**移动工业机器人**的研发和应用才逐渐增多，尤其在**物料搬运**和**巡检**等领域。

2000 年以后，得益于传感器、导航、自主控制等技术的长足进步，工业机器人终于获得了“行动自由”，可以在复杂环境中自主移动啦！

今天，移动工业机器人在许多工业领域得到广泛应用，如物料搬运、库存管理、装配、巡检和清洁等，为工业生产带来很多积极改变，使得现代工业更加智能、灵活和高效。

上下移动机器人

随着应用范围的扩大、应用场所的不同，移动机器人的行走方式也逐渐多样化。

首先出现的是**轮式机器人**，随后，**腿式机器人**也得到了应用，腿式机器人包括二足机器人和四足机器人。因比轮式机器人更适应复杂和危险地形，腿式机器人在勘测、救援和探险中大受欢迎。

二足机器人是最简单的腿式机器人，它们模仿人类步态，更适合在平坦的地面上行走。

四足机器人最为常见，它们模仿狗、猫等动物的步态来实现行走，在不平坦的复杂地形上行走能力较强。

拥有6条腿、8条腿或更多条腿的机器人，被称为**多足机器人**。

其中，六足机器人的设计灵感来自昆虫，如蚂蚁、甲虫等，它们的六足结构比四足在横向移动和攀爬时表现得更加灵活和稳定。

八足机器人模仿了蜘蛛的步态，通常具有很好的机动性和稳定性，适用于狭窄或不规则的环境中行走。

更多足的机器人模仿蜈蚣的步态，它们在水中和泥地等复杂环境中表现较好，可满足特殊的环境和任务需求。

更多足的机器人主要应用在救援、探索、军事和科学研究等领域。

这么多移动机器人中，二足机器人最受人们关注，因为它们是模仿人类行走的**仿生机器人**，具有许多优点。

它的优点有哪些呢？

首先，二足机器人能够模仿人类的步态，具备较高的灵活性和机动性，能够适应更多的应用场景。

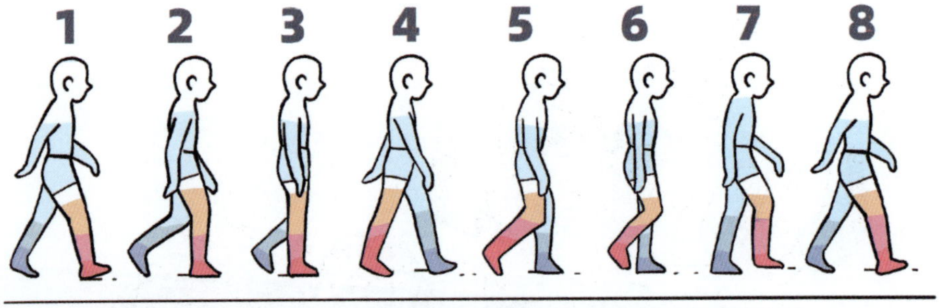

人类步态分析

其次，二足机器人更容易与人类进行交互，可以用作服务机器人、陪伴机器人、医疗辅助机器人或教育机器人等。

二足机器人还能更好地与人类一起工作，协同完成很多任务。

再次，二足机器人通常配备多种传感器，如视觉传感器、力觉传感器等，能够感知周围环境，能自主进行导航、避障和动态规划，具有更高的**智能化**和**自主性**。

二足机器人的优点很多，可实现起来，技术难点也很多。

比如，二足机器人需要实时保持平衡，以保证机器人的**稳定行走**，这是一大挑战。

二足机器人的运动需要较高的能耗，特别是在高速运动和复杂环境中，能耗更大。如何降低能耗，以延长作业时间、减轻电池重量，这又是一大挑战。

在不同地形和任务中，确定合适的步态和行走方式，涉及复杂的技术，挑战也不小。但是值得肯定的是，从只能固定作业，到勉强能移动起来，再到灵巧地双足行走，机器人仅仅这一个方面的进步，是不是就特别激动人心呢？

未来的人形机器人会是什么样子的呢？

科学家们预测，未来的人形机器人将更加“聪明”。人工智能技术的持续进步，使机器人具备更强的**自主决策能力**和**学习能力**，并能智能化地执行任务。

未来的人形机器人会有更准确的“感觉”。它们因配备了更多种类的**传感器**，如视觉、声音、力觉、化学传感器等，从而具备了立体化的感知能力。这将使它们更全面地感知和理解周围环境，增强交互和应对复杂任务的能力。

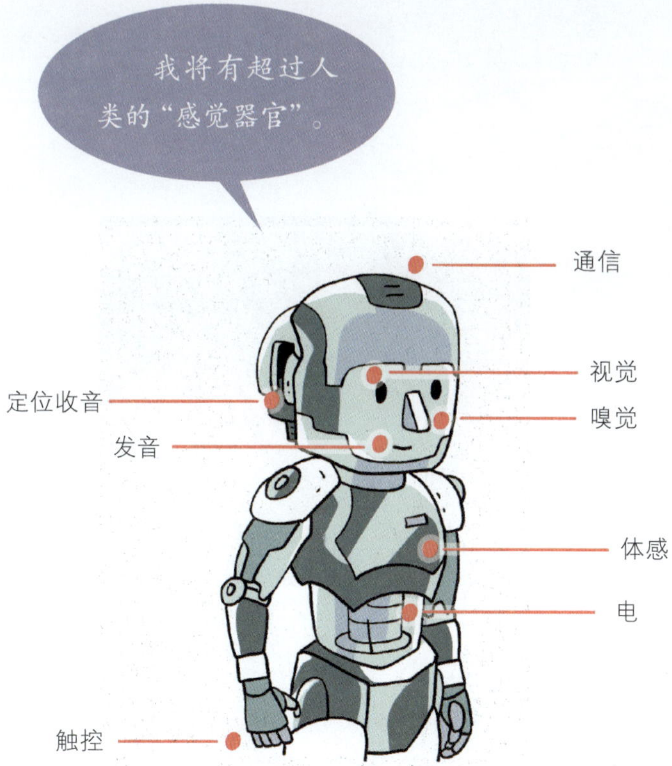

未来的人形机器人也将更“善解人意”。人机交互方式抛开了传统的键盘、鼠标或触摸屏等输入设备，变得越来越便捷、高效，这也使得人形机器人更加“通人性”。

自然语言交互，是人机交互方式的重大突破。而**手势交互**有时候比语音交互还要方便，它通过手势动作就能传达信息和发出命令。手势交互的实现涉及复杂的计算机视觉和图像处理技术，包括手势识别、跟踪和姿态估计等。

未来已来："ChatGPT"与"Sora"

2022年底，一款用于对话的人工智能语言模型——ChatGPT，突然火爆全球，上线仅两个月就吸引了上亿用户使用，因为它确实足够"聪明"！

ChatGPT究竟是什么呢？

ChatGPT是"聊天生成预训练转换器"的缩写，是一款人工智能聊天程序，由美国开放人工智能研究中心（OpenAI）开发。它以GPT-3等大型**语言模型**为基础，模仿了人脑的工作方式，就是前面介绍过的多层虚拟神经网络原理，可以理解和生成人类的自然语言。

ChatGPT 到底是怎么工作的呢？

ChatGPT 的**第一层网络**主要用于理解句子的基本结构，包括语法和句法；**随后几层**用于理解单词和短语的含义，以及它们之间的关系；**最后几层**则侧重于理解文本的背景和意图，并生成像人类自然语言一样的回复。

ChatGPT 的训练建立在大量文本和语料训练的基础上，因此它能够理解并生成逼真的语言文本，就好像一个饱读诗书的人，来学习如何说话和写作。

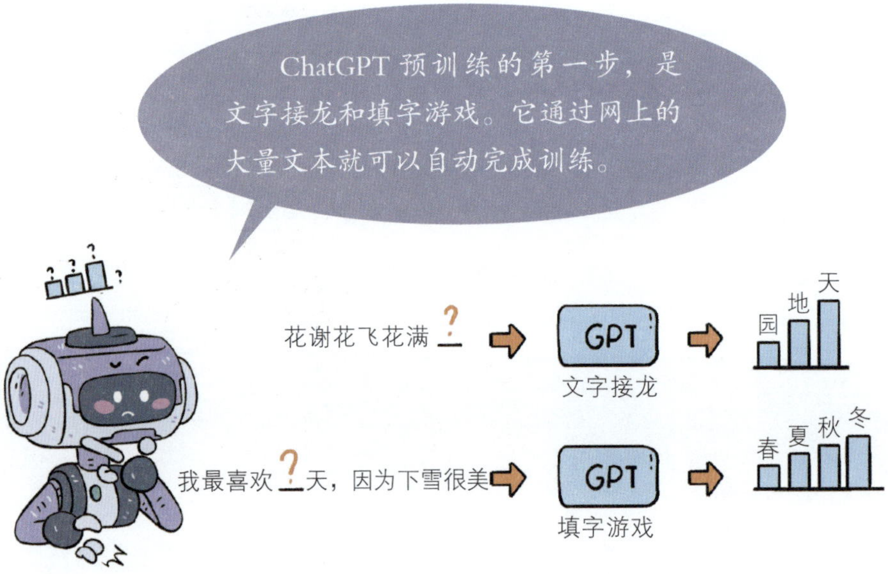

ChatGPT 能写出接近真人创作的文章，并能在许多知识领域给出详细而清晰的回答，一改往日聊天软件给人以“人工智障”的印象，因此迅速获得了人们的关注。

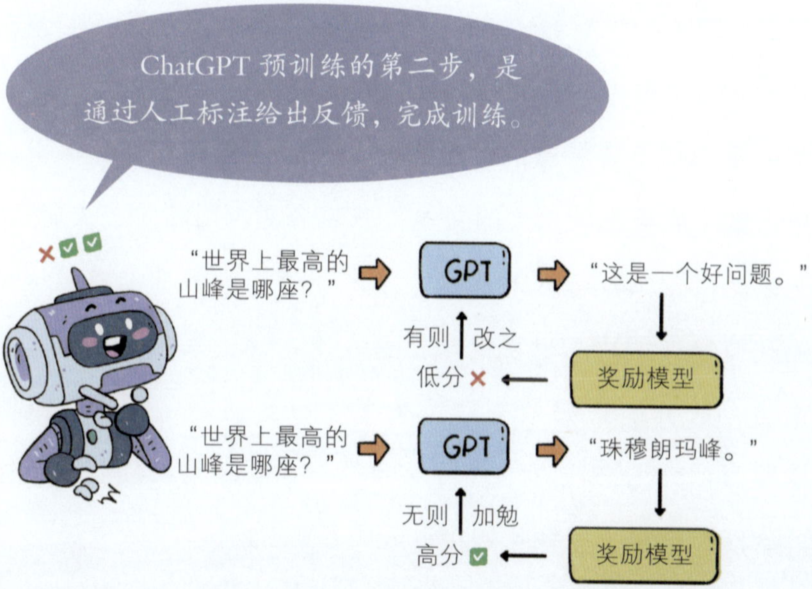

ChatGPT 目前仍以文字方式交互，除了可以生成人类自然对话方式的语言文本，还可以完成很多**复杂的语言工作**，包括剧本、歌曲、企划方案等多种任务。

它的出现证明了，从前人们认为人工智能无法完成的知识型工作，从此 AI 也足以胜任了。

ChatGPT 的主要特点在于，它能够在没有人为输入的情况下，生成连贯的、与上下文相关的文本。这是怎么做到的呢?

这要归功于它特有的**“自回归”**语言模型，即根据以前的单词或短语来生成与主题相关的文本，并且会考虑对话的上文背景。

它能根据用户输入的文字，给出即时而智慧的回答，这个回答可能是简短的词语，也可能是长篇大论。无论用户使用英文还是其他语言，它都能流畅地应对：从回答历史问题，到编写故事，再到撰写商业计划书或者进行行业分析，甚至还能帮助程序员**修改程序**。这样的表现，已经足够接近人类了吧?

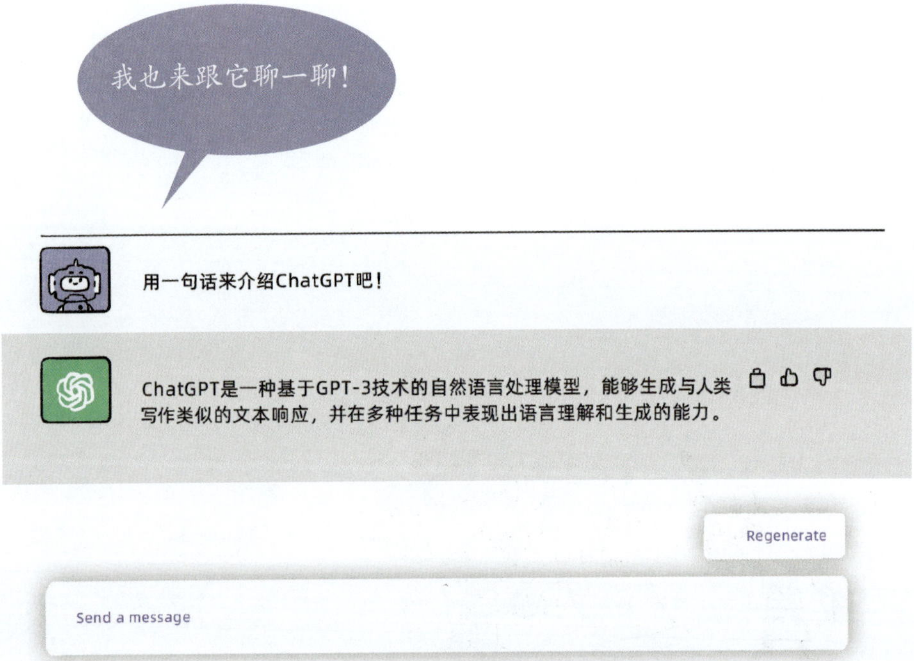

ChatGPT 是怎么做到如此“智慧”的呢？

它的“智慧”是通过多个方面的技术和方法充分协作来实现的，主要有自然语言处理技术、深度学习算法、大规模语料库、人类教练等。

ChatGPT 建立在 GPT 架构之上。GPT 是生成式预训练语言模型的缩写，就是说，使用者接触 ChatGPT 之前，它就已经能够自主地从大量的文本数据中学习和理解自然语言。

“生成式”是指根据给定的问题生成连贯、自然的文本。

“预训练”是一种**机器学习方法**，就是在大规模数据中找到有用的信息。

通俗地讲，就是我们在认识 ChatGPT 之前，它就已经是一位学富五车的语言大师啦！例如，GPT-3 就是一个巨大的自然语言处理模型，拥有 1 750 亿个参数。因为提前做足了“功课”，因此，它与人交流起来总显得自然而流畅。

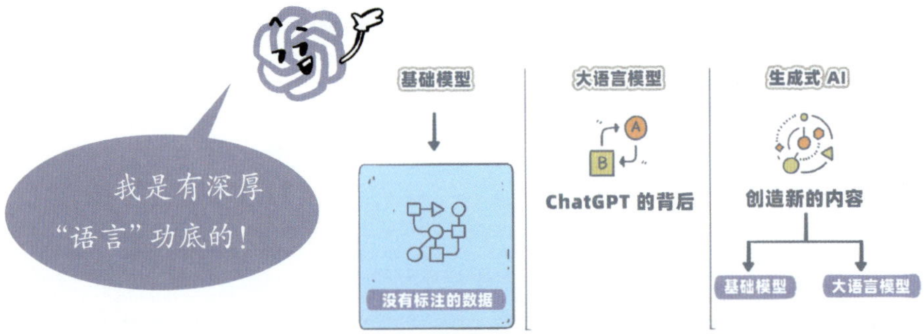

ChatGPT 还采用**人类教练**来提高模型性能，增强机器学习效果。

在模型**预训练**完成后，通常需要用到一些有标注的数据集进行微调，这些标注数据可以通过人工标注获得。具体步骤为选择问题、人工编写答案、在 GPT 上做微调。

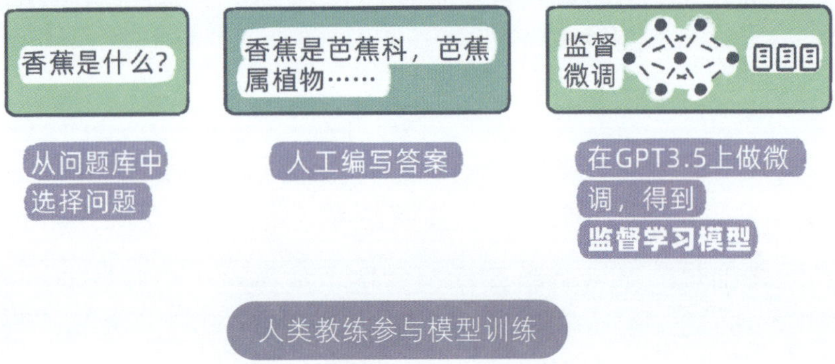

虽然 ChatGPT 可以通过图灵测试，但它本质上还是属于"大力出奇迹"的范畴，并不具备真正的智能。根据它自己的介绍，ChatGPT 只是一台已经接受了大量数据训练的机器，可以执行一些语言任务，但还不具备人类的认知能力。

不过，相对于传统的**聊天机器**，ChatGPT 具有学习能力强、上下文衔接顺畅、对话流畅以及语义理解准确等明显优势。这些优势使得 ChatGPT 在**自然语言处理**和**人工智能**领域有广泛的应用前景。

ChatGPT 可以胜任的工作

令人震惊的是，通过精准的训练和微调，ChatGPT 可以编写计算机程序！这对于当前还很“吃香”的程序员们来说，可不是个好消息。

另外，除了聊天和写作外，ChatGPT 还可以用来拟合同、创作音乐、编写剧本……

2023 年 8 月，百度的**“文心一言”**大语言模型向全社会开放。

文心一言能与人对话互动、回答问题，并且能协助用户进行文字创作，高效便捷地帮助人们获取信息、知识和灵感。

文心一言大语言模型进行了海量大数据的预训练，包括数以万亿的数据和数以千亿的文字知识。在此基础上，还采用了有监督学习、人类反馈等**强化学习**技术，具备很好的智能化优势。

文心一言究竟如何呢？我们不妨亲自去体验一下吧。

2024 年 2 月，美国开放人工智能研究中心（OpenAI）发布了一款十分“炸裂”的人工智能模型——**Sora**。这是继 ChatGPT 之后，人工智能的又一重大突破。

Sora 是一个能以文本描述生成视频的人工智能模型，美国开放人工智能研究中心公开展示了由 Sora 生成的多个**高清视频**，其逼真程度，令现场所有人咋舌。

人们不敢相信，如此“真实”而连贯的视频，竟是人工智能自动生成的。

更为神奇的是，用户只需要把想法说出来，不必提供给Sora任何视频素材，它就能根据用户的提示词，准确创作出最长一分钟的精彩视频。

Sora一词源于日文的“空”，有天空之意，表明它有无限的创造潜力。

此前，美国开放人工智能研究中心就拥有从文本到图像的生成模型，以此为基础经过大量的视频训练，最终开发出了 Sora。模型的训练数据既包含公开可用的视频，也包括专为训练而使用的非公开视频。

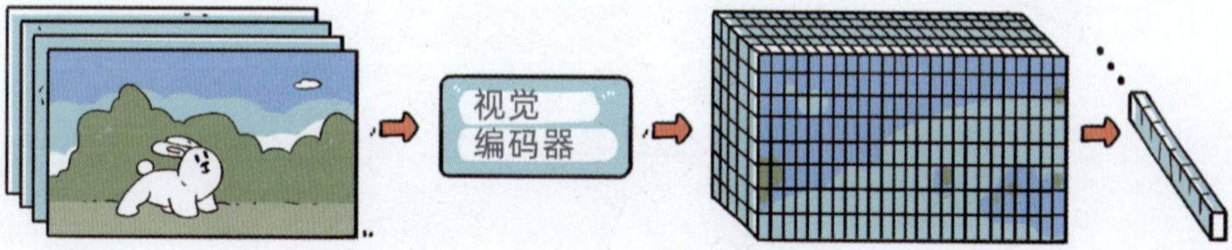

Sora 模型的训练过程

Sora 模型能够"理解"物体在物理世界中的存在方式，可以深度模拟真实的**物理世界**，能生成逼真的**运动场景**。这大概是 Sora 模型被称为**"世界模拟器"**的主要原因吧。

不过，Sora 也确实还存在一些缺陷，比如，它很难模拟复杂的物理现象和逻辑上的因果关系等。

Sora 生成视频的发布，引发了世界的广泛关注和热议，多家媒体以及自媒体平台都竞相报道、转发视频，并给予了积极评价。

多家媒体竞相报道，积极评价

心存怀疑的媒体也不少，它们认为，公开发布的这些视频可能是经过精心挑选的，并不一定能代表 Sora 生成视频的普遍水准。

但就公开发布的这些视频来说，Sora 的视频生成水平已遥遥领先，明显好过已有的所有视频生成模型。比如，Sora 可以生成长达 60 秒的视频，能够逼真地呈现多个角色、特定动作和主题背景。

它可以在单个视频中创建多个镜头，还能够理解物体在真实世界的物理规律。

Sora 在功能上还有哪些**特点**呢？

首先，它能根据用户的提示词，准确制作出一段一镜到底的视频，既能体现出清晰的细节，还能塑造出复杂的场景。

其次，它能根据静态图像（比如照片）生成视频，也就是让静态的图像内容动起来，并且做到细节生动逼真。这一功能在动画制作、广告设计等领域具有广泛的应用前景。

然后，它能对现有视频进行扩展，补充缺失的画面，可以帮助用户快速完善视频内容。这一功能在视频编辑、电影特效等领域同样具有广泛应用前景。

最后，它可以连接两段视频，也就是在完全不同主题和场景的视频之间，实现**无缝过渡**，比巧克力还要丝滑。

在技术上，Sora 也独具特色。

Sora 生成的视频一开始看起来像静态噪音，满屏的雪花点，通过多个步骤逐渐去除“噪声”后，视频也从最初的随机像素转化为清晰的图像场景。

它能够一次生成多个**预测画面**，确保画面主体在暂时离开视野时仍保持一致。

Sora 视频的降噪过程

Sora 采用了与 GPT 模型相似的技术架构，它能够处理**长序列数据**，并通过**自注意力机制**捕捉数据中的依赖关系，从而提高模型的生成能力。

因此，Sora 在减少了**算力**需求的情况下，还能够生成高分辨率图像。

在视觉训练的过程中，Sora 模型能够更忠实地遵循用户的**文本指令**，生成符合用户需求的视频内容，同时也提高了模型的灵活性和可控性。

Sora 统一了数据的表示方式，这使得它训练的范围更加广泛，涵盖了不同时长、不同分辨率和纵横比的视频。

因此，Sora 模型学到了更加丰富的视觉特征，并提高了生成视频的质量和多样性。

它允许直接为不同尺寸的设备创建内容，可以生成更完整、更美观的视频。

Sora 可以直接生成不同尺寸的视频

Sora 项目的核心研究团队由 15 人组成，成员都非常年轻。负责人**蒂姆·布鲁克斯**和**比尔·皮布尔斯**，都曾在美国加州大学伯克利分校攻读博士学位，于 2023 年毕业。

团队中的其他成员，不乏新生代力量，还有在校的艺术生。

蒂姆，美国加州大学博士，Sora 项目的领导者之一

在被问到 Sora 的开发过程时，比尔回复道："每天基本不睡觉，高强度工作了一年。"

Sora 团队正在扩张之中，他们需要有大型视频制作经验的人员。

比尔，美国加州大学博士，Sora 项目的领导者之一

Sora 的发布引发了关于虚假信息传播的争议。

Sora 强大的视频生成能力达到了**以假乱真**的程度，这不仅改变了人们“眼见为实”的传统观念，还可能带来一系列社会问题。比如，如何验证视频的真实性和有效性呢？将来，视频还能当作证据使用吗？

AI 生成视频存在被滥用于非法目的的风险。Sora 的使用，可能会进一步降低制作高质量虚假视频的门槛，加剧**虚假信息**的传播。

由于担心视频生成模型被滥用，美国开放人工智能研究中心目前还不打算向公众开放 Sora 模型，只给予小部分研究人员有限的访问权限。

目前，由 Sora 生成的视频都带有**特殊标签**，表明它们是由人工智能模型生成的。这也是防止视频被滥用的有效方法之一。

Sora 标志着人工智能在理解真实世界和人机交互上实现了飞跃，并为制作视频的艺术家、电影制片人和学习影视创作的学生们带来了无限可能。

Sora 被认为是实现**通用人工智能**的重要里程碑，人类有望在未来实现更加智能、高效和多样化的视频生成与处理技术。

人们开始担心，不少人要丢工作了，更有甚者认为整个视频素材制作行业将成为消失的行业。

未来的电影创作将是概念片先行，可能不是在写剧本，而是“写”影像，Sora 将给广告行业、影视行业和特效行业带来极大的冲击。

是伙伴还是对手?

自 2006 年以来，人工智能逐渐进入了第三次浪潮时期。

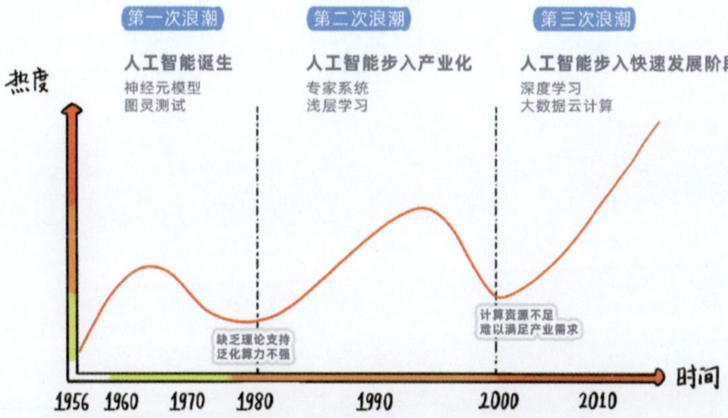

这一时期，随着**计算机算力**的提升、**大数据**的涌现、算法的进步以及云计算和大数据技术的发展，特别是深度学习、强化学习等**机器学习**技术得到了广泛应用。

人工智能出现了一系列突破性的进展和应用，引领了科技和产业的变革，各种人工智能应用也逐渐走入我们的生活中。

人工智能用在**语音识别**上，实现了人与机器的语言交互；

用在**图像识别**上，实现了人脸识别以及手势交互；

用在网购、娱乐等消费领域，有了“聪明”的智能推荐功能；

用在以知识库为基础的**专家系统**上，其“学识”也堪称博学；

用在益智类游戏上，则打败了人类围棋高手；

人工智能技术促进了各个领域的进步

用它学习人类语言，练就了写作高手 ChatGPT；

用在**视频创作**上，产生了神奇的 Sora；

用在**大数据分析**上，它能挖掘出令人意想不到的成果；

用在汽车驾驶上，它成就了**无人驾驶技术**的发展；

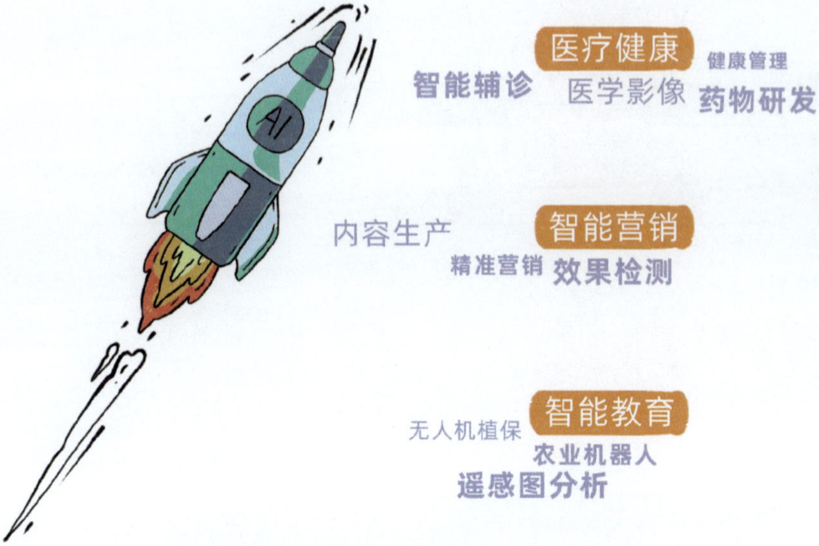

人工智能技术促进了各个领域的进步

另外，人工智能还在航天、医疗、交通、采矿、气象等领域发挥着越来越重要的作用。

在航天领域，人工智能完成了火星车的漫游以及火箭回收的壮举。

2020 年 7 月 23 日，中国“天问一号”火星探测器搭载**“祝融号”火星车**发射升空，并于 2021 年 5 月 15 日成功着陆火星，在火星上首次留下中国印迹。

“祝融号”火星车

2015 年以前，运载火箭都是一次性使用的，导致发射成本很高，严重制约了人类的太空探索活动。

“猎鹰 9 号”运载火箭，是美国太空探索技术公司研制的**可回收式运载火箭**。2010 年首次发射，2015 年第一次成功回收。

再比如，人工智能大大提高了天气预报的准确性。

人工智能可以分析大量的**气象数据**，通过**深度学习**等技术，给出更准确的天气预测结果。它能从历史气象数据中学习模式和规律，进而预测未来的天气情况。它将不同来源的气象数据进行整合，进一步提高预报的准确性和可靠性。

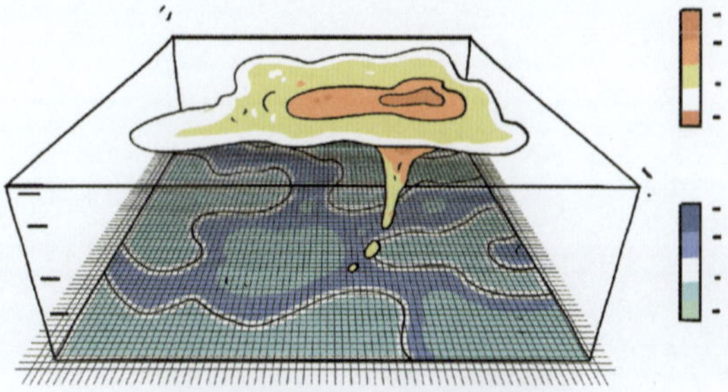

气象预报大数据模型

人工智能还可以根据用户的地理位置、兴趣和需求，提供个性化的天气预报信息，为用户量身定制**天气预报**服务。

人工智能还能及时跟踪气象变化，发现异常情况并发出预警，帮助人们更好地应对各种气象灾害。

如今，利用人工智能技术预测天气，精度更高、速度更快。例如我国自主研发的**“盘古气象大模型”**，不仅预报精度超过传统气象预报方法，速度更是提升了 10 000 倍，过去需要几天才能完成的预测工作，现在几秒钟就能搞定啦！

2023 年 7 月，盘古大模型 3.0 版本正式发布，它为千行百业提供服务，如政务、金融、制造、医药、矿山、铁路、气象等。

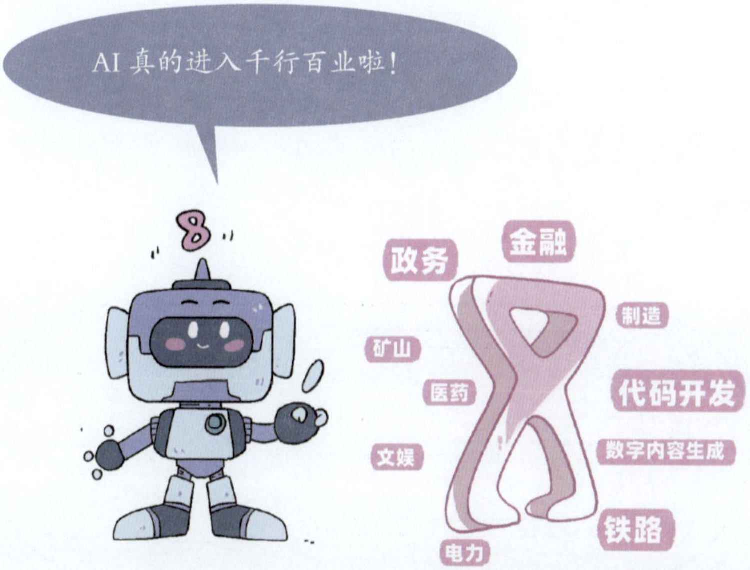

比如，盘古矿山大模型能接管几乎所有矿山开采所需要用到的设备，从挖煤的钻机到运煤的皮带，最终实现矿下**无人作业**，从而极大地提高采矿业的生产效率，保证安全。

人工智能还可以加速新型药物的研发过程。

人工智能可以全程参与新药的设计、合成、测试及分析过程，再逐步筛选，直到选出**候选药物**，从而大大缩短新药的研发周期，节省研发费用。

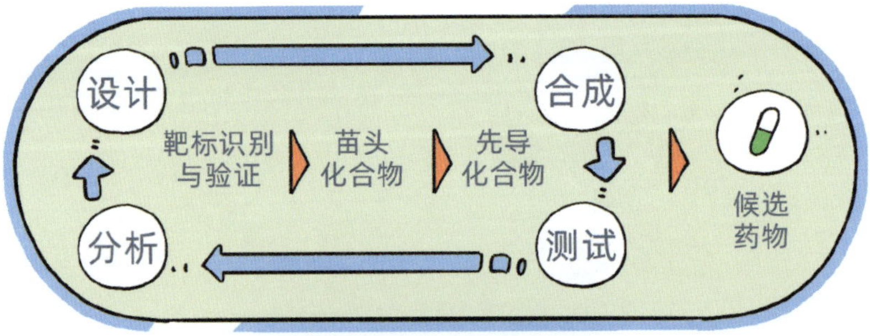

智能化药物研发模型

人工智能还可以利用大数据等技术，分析患者的基因组、病史和生理指标等信息，为患者提供个性化的药物治疗方案，提高治疗效果，减少副作用。

如今，配备人工智能系统的医疗机器人，不仅可以成为医生的重要助手，还能协助医生开展手术及其他诊疗工作。

在手术过程中，**医疗机器人**根据患者的解剖结构和手术计划，提供精确的**导航和定位**，帮助医生准确定位手术目标和操作部位，这样既减少了手术风险，又提高了手术效果。

医疗机器人利用人工智能和大数据分析技术，帮助医生快速准确地诊断疾病，提供辅助诊断意见和建议，提高诊断的准确性和可靠性。

医疗机器人通过监测患者的生理参数、病情变化和治疗效果，及时向医生报告，帮助医生及时调整治疗方案和监护措施。

善于协作的医疗机器人

未来，每个人都将有自己专属的**人工智能医生**。我们的生理数据、健康信息，可以实时地、不间断地上传到云端，人工智能医生会全天候地、尽职尽责地呵护着我们的健康。

这将极大地简化当前繁琐的看病流程，我们再也不用为一些小病到医院排队挂号而发愁了。

人工智能医生不仅能给我们日常的健康建议，生病了还能为我们开药。那么医生这个职业会消失吗？肯定不会，医生可以将精力放在疑难杂症的攻克上。

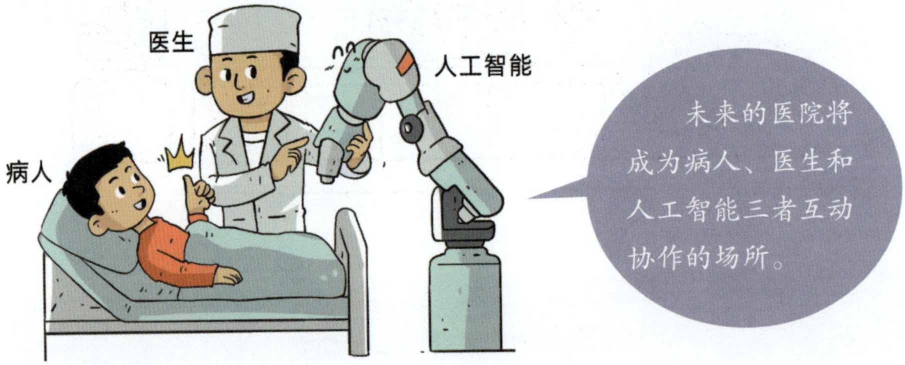

目前，**脑机接口**技术已经可以修复人体的部分运动功能，比如恢复部分视力、听力，以及实现对假肢的控制等。

脑机接口技术已经在很多领域发挥作用

在人工智能的加持下，脑机接口技术正在进入人类的认知领域，患有**脑部疾病**或**精神障碍**的病人将获得更加有效的治疗。

比如，脑部严重创伤、中风以及阿尔茨海默病都有可能造成人的记忆丧失。科学家**特德·伯杰**设计出了一种**芯片**，把它植入受损的大脑后，它可以模拟大脑神经元正常活动时的信号加工过程，从而帮助患者恢复记忆。

2024 年 1 月，美国企业家**埃隆·马斯克**宣布了一则令人震惊的消息：第一位接受脑机接口植入芯片的患者，目前恢复良好。

此前有报道，一只植入大脑芯片的猴子，可以通过**“意念”**玩电子乒乓球游戏，这就已经很不可思议了。

更不可思议的是，如今，这只猴子已经能坐在电脑前娴熟地打字了！这说明在植入芯片后，猴子不仅有了意念，还能学习英语单词，并能手脑并用地写出来。

脑机接口在人的大脑与外部设备之间建立连接，达到大脑控制外部设备或外部设备向大脑传输信息的目的。

此外，还有一种很特别的人机交互方式，叫**情感识别技术**，就是 AI 也懂得“察言观色”。

人与人在面对面交流互动的过程中，除了语言之外，往往还伴有面部表情变化，通过这些细微变化可以判断说话者的“言外之意”，以及其喜怒哀乐的情感状态。

假如，人机交互的过程中，机器也能够察言观色，这是多么“通人性”啊！人工智能能不能做到呢？

美国心理学家**保罗・艾克曼**和他的同事，花了整整 8 年时间，发明了一种人类面部表情的分析方法。

他们通过解剖发现，人类的面部总共有 43 种肌肉，它们的组合运动，形成了人类的 3 000 多种表情。

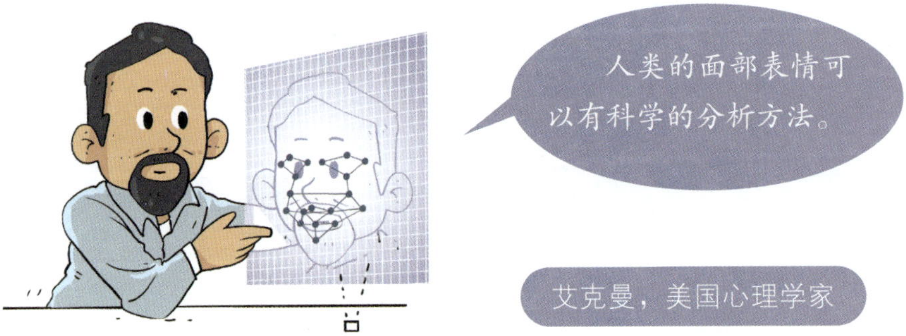

艾克曼甚至拿自己脸上的肌肉做实验，终于将肌肉组合和表情含义对应起来，形成了一套完整的**编码系统**。

针对精神病患者或者犯罪嫌疑人等特定对象，这套表情系统可以通过不易察觉的微表情，挖掘出隐藏其后的真实意图和情感。

2010 年后，以艾克曼的研究为基础的**表情分析系统**问世，可以自动检测视频中 30 多种人脸表情。

人工智能在这么多领域的优秀表现，是不是说明它已经超过人类了呢？

就像电影《流浪地球2》中的**“MOSS”**那样，不仅拥有超强算力，还有着自主意识？或者像电影《黑客帝国》中的**“矩阵计算机”**那样能够控制世界，对人类构成严重威胁呢？

其实，暂且还不必担心！

因为目前的人工智能，仍然处于擅长执行特定任务的**弱人工智能**阶段，并不具备广泛的智能。

比如取得围棋冠军的“阿尔法狗”，它是一款专门为围棋设计的人工智能系统，即便在它擅长的围棋方面，它也只能在特定的场景和环境中运行，不能像人类那样随时随地都可以“摆一盘儿”。

而电影中设想的人工智能，则属于**强人工智能**了，即已经具有自我意识，可以进行复杂的思维推理，并能灵活地解决问题。

强人工智能也被称为**通用人工智能**，是具备与人类同等智能，或超越人类的人工智能，能表现正常人类所具有的所有智能行为。

强人工智能目前仍然处于理论和研究阶段，虽然 Sora 有望实现通用人工智能，但现阶段仍然属于**弱人工智能**。

弱人工智能	强人工智能
限定领域 解决特定问题	通用领域 胜任人类所有工作

强人工智能是一种可以在各种复杂环境中进行智能决策和行为的人工智能系统。与弱人工智能相对，强人工智能具有更高级的智能水平，能够在没有人类干预的情况下完成各种任务，并且具有自我学习、自我改进的能力。

也就是说，未来的**强人工智能**至少要具备如下特点：

首先是**智能性**，具有类似人类智能的认知和决策能力。

其次是**自主性**，能够独立地进行决策和行动，不需要人为干预或指导。

然后是**学习能力**，具有自我学习和自我改进的能力，可以通过不断地积累经验和学习来提高自己的性能。

最后是**通用性**，可以在不同领域和任务中进行应用，并且具有适应不同环境的能力。

强人工智能的特点

从弱人工智能到强人工智能的进化，是全世界科学家努力的方向，后面更有**超人工智能**等待攻克呢。因此，我们都要好好学习，努力摘下这两顶桂冠！

人工智能加上钢铁的躯壳，就是**智能机器人**。它们的身体比人类强壮，算力更是强大，再匹配上可以自主学习的算法，逐项胜任人类现有的大部分工作，应该只是时间问题！

令人细思极恐的是，人类需要吃饭睡觉，还要休闲娱乐，而 AI 却可以 24 小时不眠不休，因此，它一旦学会某项技能，就必然超越人类，并且像棋类比赛那样一骑绝尘！

科学家们预测，那些重复性的工作岗位将首先被人工智能所取代，之后创造性较强的工作岗位也将逐渐被替代。

比如，**“黑灯工厂”**已大量出现。黑灯工厂是指采用先进的自动化生产技术和智能化设备，通过人工智能、物联网等技术生产，几乎不需要工人的生产模式。

这样下去，人工智能岂不是抢了无数人的饭碗？

这是人工智能最令人担心和焦虑的问题，不少科学家也以此为依据，认为人工智能终将成为人类的威胁。

但也有一些科学家持**积极乐观**的态度。

一是，人工智能没有竞争意识，未来将更多地与人类进行协作，共同完成人类工作，没有主动替代人类工作岗位的动力和欲望。

二是，就像蒸汽机的出现不仅没有消灭人类的工作岗位，反而创造出了更多的工作机会一样，人工智能的发展会让很多工作消失，也必然会创造出新的工作机会。

三是，工作不是人类的生存目的，将来的人们完全可以少一些工作，而多一些“诗和远方”。比如，法国将要试行每周四天工作制。相信当强人工智能时代到来的时候，人们也许每周只需要工作三天，甚至更短的时间！

知识延展：缸中之脑

1981年，美国哲学家、数学家与计算机科学家**希拉里·怀特哈尔·普特南**出版了一本书，书中给出了一个**“缸中之脑”**的假想实验：

假如一个人的大脑从身体中被取出，放入一个缸（容器）中，缸里盛有维持大脑存活所需的营养液。大脑的神经末梢和一台超级计算机相连，这台计算机使大脑的主人保持一切完好无损的幻觉。对于他来说，似乎人、物体、天空还都存在，但实际上，此人体验到的一切都只是计算机传输到神经末梢的**电子脉冲**而已。

普特南，美国哲学家、数学家与计算机科学家

这台计算机非常聪明，可以向大脑反馈举手投足等一切动作信号，使大脑认为他能行动自如，一切正常。也就是说，大脑所体验到的世界其实是计算机制造的一种模拟现实。

普特南进而有了一个恐怖的设想：假设所有的感觉器官都泡在缸里，而外面的世界就只是一台智能机器，此时，泡在缸中的人脑，如何知道自己是颅中脑还是缸中脑呢？这样一来，真实与虚幻又怎么区分呢？

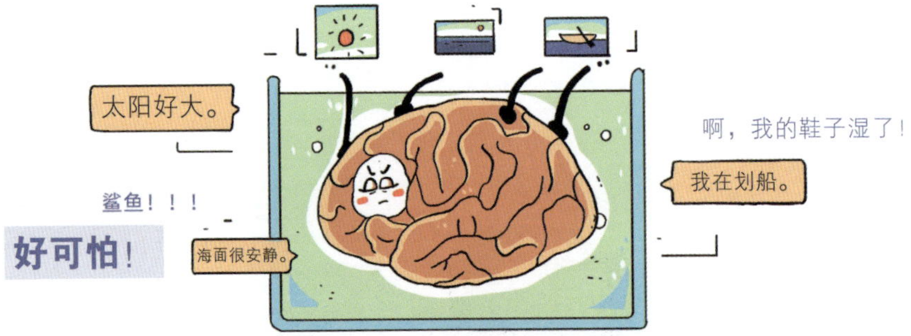

“缸中之脑”的哲学思考与“庄周梦蝶”何其相似，它也启发了很多科幻小说和电影的创作，如《黑客帝国》《盗梦空间》等。

后记

通过本书的阅读，小朋友们了解了人工智能的发展历程，以及它是如何“思考”和解决复杂问题的。人工智能不仅在我们的日常生活中扮演着越来越重要的角色，还给医疗、交通、教育等多个领域带来了革命性的变化。

随着人工智能技术的不断进步，我们每个人或许都能拥有一位专属的智能助理，帮助我们解决大部分生活和工作中遇到的难题。未来，人工智能将创造出更多超乎想象的奇迹！